铸造和谐海西

——福建省可持续发展实验区建设巡礼

丛 林 主编

中国农业科学技术出版社

图书在版编目（CIP）数据

铸造和谐海西：福建省可持续发展实验区建设巡礼/丛林主编．
—北京：中国农业科学技术出版社，2009
ISBN 978 – 7 – 80233 – 789 – 3

Ⅰ. 铸… Ⅱ. 丛… Ⅲ. 可持续发展 – 经验 – 福建省 Ⅳ. X22

中国版本图书馆 CIP 数据核字（2009）第 003805 号

责任编辑　杜　洪
责任校对　贾晓红

出 版 者　中国农业科学技术出版社
　　　　　北京市中关村南大街 12 号　邮编：100081
电　　话　(010)82109704(发行部) (010)82106629(编辑室)
　　　　　(010)82109703(读者服务部)
传　　真　(010) 82106624
网　　址　http://www.castp.cn
经 销 者　新华书店北京发行所
印 刷 者　北京富泰印刷有限责任公司
开　　本　850 mm ×1 168 mm　1/32
印　　张　5
字　　数　150 千字
版　　次　2009 年 1 月第 1 版　2009 年 1 月第 1 次印刷
定　　价　15.00 元

前　言

可持续发展实验区是中国首创的可持续发展模式。

自 1986 年国家有关部门在江苏省开始城镇社会发展综合示范试点工作以来，可持续发展实验区建设工作在全国各地稳步推进。我国从地方选择具有代表性和示范性的中小城市、县、镇以及大城市城区，进行全面的实验和示范。到"十一五"期间，社会发展实验区的工作在国家和地方两个层次同时推进，基本实现省、自治区和直辖市都建设了各具一定代表性的实验区。经过 20 年持续不懈的努力，我国可持续发展实验区从无到有，从小到大，由点到面，已经成为实施国家可持续发展战略的重要实验示范基地。

2003 年，党的十六届三中全会提出，要"坚持以人为本，树立全面、协调、可持续的发展观，促进经济社会和人的全面发展"。在科学发展观的统领下，我国可持续发展实验区建设进入了全新的发展阶段。围绕构建社会主义和谐社会、建设资源节约型和环境友好型社会，推进社会主义新农村建设等一系列战略目标和任务，实验区不断总结经验，及时调整工作任务和目标，加快探索和实验示范步伐，创新工作思路和方法，完善管理办法，走出了一条条各具特色的可持续发展道路。

福建人多地少，资源相对不足，环境承载能力较弱，资源保护与利用矛盾突出，只有正确处理好经济建设、人口增长、资源利用、环境保护之间的关系，在节约资源、保护环境的前提下加快经济社会发展，才能促进人与自然的和谐相处，实现经济社会的健康发展。

20 世纪 90 年代初，根据原国家科委和原国家体改委《关于建立社会发展综合实验区的若干意见》，福建省开始了建设社会发展综合实验区的探索。

1994 年 4 月，福建省计委确定在东山县和漳平市两地开展社会经济协调发展改革试点。

1995 年 10 月，在福建省科技大会上，福建省委、省政府进一步提出，要建立一批社会发展综合实验区（后改为可持续发展实验区），并把它列入"九五"期间科技兴省十大工程的重要内容之一。

党的十六届五中全会明确提出了建设资源节约型和环境友好型社会的战略部署。在新的时期，福建省委、省政府更加关注可持续发展实验区建设，将建设可持续发展实验区工作列入福建省中长期科技发展规划，作为落实构建资源节约型和环境友好型社会的有效载体，作为建设海峡西岸经济区的重要目标。

目前，福建已有石狮市、漳平市、东山县、武夷山市、南平市、龙岩市新罗区、永春县、仙游县、厦门市思明区等 9 个市、县（区）被列为省级可持续发展实验区；龙岩市新罗区铁山镇于 2008 年被批准为省级可持续发展示范乡镇。漳平市、东山县还被科学技术部审核批准为国家级可持续发展实验区。

在 10 多年的实验区建设实践中，各实验区按照建区规划和国家、省的总体要求，通过政府组织、专家指导、社会兴办、群众参与的组织形式，积极探索社会与经济协调发展的新型管理模式和运行机制，促进经济体制和经济增长方式的改变，有力推动了人口、资源、环境和经济、社会的协调发展。

为了进一步总结经验，加快探索步伐，推进实验区建设，我们汇编整理了福建省各可持续发展实验区建设的主要做法与成效，供有关部门、实验区建设的管理者和参与者参考。

鉴于永春县、仙游县、厦门市思明区刚获批准建设，进展还较为有限，取得经验与成效还有一个过程，本书暂未对其进行详细阐述。

限于时间和水平，本书不足之处在所难免，敬请批评指正。

编 者

2008. 8

目 录

第一章　可持续发展与可持续发展实验区

一、什么是可持续发展

（一）　可持续发展的内涵

可持续发展（Sustainable Development）一词最早出现于1962年美国学者卡森的《寂静的春天》一书，但作为一个流行的概念则形成于20世纪80年代。1987年，联合国环境与发展委员会发表了《我们共同的未来》的报告，第一次阐述了可持续发展的概念：可持续发展是指既满足当代人的需求又不损害后代人满足需求的发展。

1992年，联合国召开环境与发展大会，提出可持续发展的全球行动计划——《21世纪议程》，进一步丰富了可持续发展的内涵，即：可持续发展是指经济、社会、资源和环境保护的协调发展，它们是一个密不可分的系统，既要达到发展经济的目的，又要保护好人类赖以生存的大气、淡水、海洋、土地和森林等自然资源和环境，使子孙后代能够永续发展和安居乐业。

可持续发展与环境保护既有联系，又有区别。可持续发展的核心是发展，它要求在严格控制人口、提高人口素质和保护环境、资源永续利用的前提下推进经济和社会的发展。环境保护是可持续发展的一个重要方面。

（二）为什么要可持续发展

"可持续发展"源于三个相互联结的根本性问题：人口问题、资源问题、环境问题。

- 人口问题

20世纪以来，世界人口快速增长，加上不可持续的生产和消费模式，给地球增加了越来越大的压力。联合国有关报告指出，人类资源消耗的46%归于人口增长，也就是说，人类对世界的掠夺性开发一半是出于人口增长的压力。联合国人口基金会发布的2006年世界人口现状报告显示，世界人口已经突破65亿，并预测2050年将突破91亿，地球将更加不堪重负。

- 资源问题

人口的迅速增长，经济快速发展，加上不合理、过度的开发利用，使人类可开发的资源，尤其是不可再生能源日趋紧缺。以世界石油消耗量为例，全世界现已探明的储量约为11 500亿桶，以目前的开采速度计算，地球上的石油储量只够满足全世界石油消费需要41年。据美国能源部门估计，今后20年内，世界石油还能供求平衡，但20年后就要面临缺油的局面。虽然中东仍是世界最大的供应者，波斯湾仍将供应全球石油的一半或三分之二，但是沙特已经有几十年没有发现新油田，很多旧油井已经灌水。

- 环境问题

随着人口的猛增，为解决生存问题，多数国家尤其是发展中国家只能加倍掠夺自然，人类对土地和环境的压力日益增大。由于过度开发利用，人类赖以生存的生态环境严重恶化。

以二氧化碳排放量为例，2003年世界二氧化碳排放量比1990年增长了16%，预计到2010年将达到7 910Mt，2020年超过9 850Mt。过度的二氧化碳排放使全球变暖日益明显，冰川融化使海平面逐年上升，生态系统遭到严重破坏。

同时，水污染状况在世界各国也日益严重。一些专门从事全球用水状况研究的科学家们惊呼，水污染问题已经成为"世界性的灾难"。由"水援助"和"泪水基金"这两家国际性慈善机构发表的最新调查报告指出，目前，全球每天有多达 6 000 名少年儿童因饮用水卫生状况恶劣而死亡，污染水每年导致 1 300 万人死亡。水污染问题已经成为目前世界上最为紧迫的卫生危机之一。

为了确保人类赖以生存的自然环境不致遭受根本性的破坏，人类的选择十分有限。越来越多的国家把可持续发展作为国家发展战略加以推进，可持续发展逐渐成为一种国际共识。

（三）可持续发展的主要特征

可持续发展战略体系有三个最为明显的特征：发展（数量）、协调（质量）、持续（时间）。

● 发展

指满足人类需求的不断增长和生活质量的不断提高。它体现一个国家或区域是否在真正地发展，是否在健康地发展，以及是否在保证生活质量和生存空间不断改善的前提下发展。

● 协调

指人与自然之间的协调以及人与人之间的协调，主要体现为两个方面：调控人口的数量增长，不断提高人口的素质；始终调控环境与发展的平衡。它更强调内在的效率和"质"的概念。

● 持续

指通过物质基础和知识基础的储备，为可持续发展的健康延续提供潜在的能力。它主要体现一个国家或地区在发展上的长期合理性。也就是说，可持续发展不应只是在短时间内的发展速度和发展质量，而是建立在长时间的调控之中。

二、什么是可持续发展实验区

（一）中国可持续发展实验区的建设背景

党的十一届三中全会以后，随着改革开放的不断深入，我国经济社会获得空前发展。但是，在发展的过程中也出现了诸多问题，如经济发展与社会发展不协调，社会发展变化相对滞后；资源枯竭，环境污染，人与自然不和谐；城乡之间、地区之间收入差距扩大，区域发展不平衡等。众多问题严重制约了国民经济的持续稳定发展。

● 资源日趋紧缺

耕地资源 因为工业大量用地，城市盲目扩张，基础设施建设，农村宅基地需求增加等原因，中国耕地每年多则以 1 000 多万亩、少则以几百万亩的数字递减。资料显示，1980 年，全国耕地面积 24.671 亿亩，人均 2.5 亩。到 2005 年，中国人口同比净增 32 051 万人，而耕地在同期净减 5.166 亿亩，人均耕地资源仅为 1.49 亩，人均耕地减少 40% 以上（表1）。也就是说，仅从 1980～2005 年的 25 年间，中国耕地就减少了 5 亿多亩，相当于一个中等国家的全国国土面积。

表1 1949 年以来全国人均占有耕地面积

时间（年）	1949	1957	1967	1977	1987	1997	2006
人均耕地（亩）	3.92	3.6	2.87	2.26	1.94	1.62	1.39

数据来源：福建经济与社会统计年鉴（农村篇），2007

水资源 目前我国人均水资源量为 2 300 m³，仅为世界人均占有量的 1/4。据估计，2030 年我国人口将达到 16 亿高峰，人均水资源量将仅为 1 760 m³，接近 1 700 m³ 的警戒线，水资源形势十分严峻。

淮河江苏段干流面临断航

能源　由于我国能源粗放式开采和经营，能源短缺的矛盾已日渐突显。煤炭和石油等不可再生能源随着人口增长及经济的快速发展被快速、大量消耗，"石油短缺"、"能源危机"已经离我们越来越近。相关数据显示，我国的石油消费在 2005 年达到 3.2 亿吨，对外依存度近 50%。有专家预测，到 2020 年中国需求量将达到 4 亿多吨，而中国的石油产量只有 1.6 亿~1.7 亿吨左右，届时中国将有 2.4 亿吨的石油缺口。虽然中国已探明的保有煤炭储量为 10 000 亿吨，居世界第一位。但我国的煤炭回采率一直徘徊在 20%~30% 之间，与发达国家 65% 以上的回采率差距明显。我国煤炭地质理论资源量为 50 000 多亿吨，但可采储量只有 1 145 亿吨，储采比非常低，按照目前 20 多亿吨的年开采量，还可采半个多世纪，大约到 2060 年左右中国的可采煤将开采完毕，中国将由保储资源量第一的富煤国家变成贫煤国家，经济社会、国防建设都将受到重大影响。

● **环境破坏严重**

随着我国经济社会的迅速发展，人口、资源、环境的矛盾日趋尖锐，由水土流失引发的一系列生态问题、社会问题日益突出。

超载放牧和过度开垦，导致草原荒漠化严重。专家预计，如不采取措施，到 2030 年，我国年平均陆地总蒸发量将增加 45 亿～50 亿 m^3，土地侵蚀面积将增加 145 万 km^2，荒漠化土地面积将增加 27 万 km^2。

水土流失点多、面广。据 2002 年 "全国第二次水土流失遥感调查成果" 显示，我国水土流失面积为 356 万 km^2。水土流失分布范围广、类型多、流失强度大，不论山区、丘陵区、风沙区，还是农村、城市，都存在不同程度的水土流失。按目前的治理速度，需要半个世纪的时间才能得到初步治理。

水体污染现象日趋严重。我国江河湖泊普遍遭受污染，全国 75% 的湖泊出现了不同程度的富营养化；90% 的城市水域污染严重，南方城市总缺水量的 60%～70% 是由于水污染造成的；对我国 118 个大中城市的地下水调查显示，有 115 个城市地下水受到污染，其中重度污染约占 40%。水污染降低了水体的使用功能，破坏了生态系统，加剧了水资源短缺。

● **城乡差距扩大**

我国城乡居民收入呈现逐年扩大的趋势。1984 年两者的比率为 1.71∶1。1985 年，城乡居民收入差距为 2.57 倍。1994 年进一步扩大到 2.86 倍。若加上城镇居民享受的各种隐性福利，则差距更大。

这些问题引起很多有识之士的极大关切与担心。我国必须从实际出发，寻找一种新的发展模式，实现区域经济、社会与人

淮河水遭到严重污染

口、资源、环境协调发展。

可持续发展实验区应运而生。

（二）中国可持续发展实验区的建设历程

可持续发展实验区是中国首创的可持续发展模式。

根据科学技术部的研究，改革开放以来，我国可持续发展实验区建设大致经历了三个阶段。

● 创立试点阶段（1986～1994 年）

1986 年，针对苏南等地经济快速发展带来的社会事业滞后、环境污染严重等问题，原国家科委和国务院有关部委在江苏省常州市和锡山市华庄镇开始了城镇社会发展综合示范试点工作，强调在先进科学技术支撑下，科学制定城镇社会发展总体规划，全面提高人口综合素质，实现经济、社会、生态效益的综合提高，物质文明和精神文明全面进步，第一、第二、第三产业协调发展，探索有中国特色的社会发展道路。这是中国实验区建设的雏形。

此后，常州市和华庄镇进行了积极探索和有益的尝试。试点期间，两地因地制宜，采取了切实可行的措施，在人口、教育、卫生、环境、社会保障、社会秩序与安全、通信、文化体育和城镇建设等社会发展各个方面都取得了显著进展。1989 年 12 月，国家科委和国家计委等 10 多个部委在常州市召开了城镇社会发展综合示范试点工作会议，要求在华东六省一市再各选 1~2 个地方进行试点。

1992 年，原国家科委和原国家体改委联合制定了《关于建立社会发展综合实验区的若干意见》，指出，实验区要"解决人口、资源、生态环境等方面的问题，搞好城镇建设、文化教育、卫生体育、劳动就业、社区建设、社会服务、社会保障、社会安全等各项工作，创造良好的生产与生活环境"。同时，由国务院 23 个部门和团体共同组成了实验区协调领导小组，并成立了社会发展综合实验区管理办公室。自此，实验区建设工作全面启动。

● 稳步推进阶段（1994~2002 年）

1994 年 3 月，国务院颁布《中国 21 世纪议程》，将其作为指导国民经济与社会发展的纲领性文件。同年 7 月，实验区协调领导小组召开会议，提出了"实施《中国 21 世纪议程》，推进社会发展综合实验区建设"的意见，要求各实验区率先实施《中国 21 世纪议程》，把实验区建设成实施可持续发展战略的基地。

1996 年，我国《国民经济和社会发展"九五"计划和 2010 年远景目标纲要》明确提出："建立一批科技引导社会发展综合实验区，依靠科学技术，控制人口增长，提高人口素质，合理开发资源，保护生态环境，实现经济和社会的持续、协调发展。"

1997年12月，为了进一步推进实验区建设工作，经国务院同意，我国"社会发展综合实验区"更名为"可持续发展实验区"。

此后，我国开始从地方选择具有代表性和示范性的中小城市、县、镇以及大城市城区，进行全面的实验和示范。为了保证实验区建设的规范化、制度化、科学化，国家可持续发展实验区办公室制定了《国家可持续发展实验区管理办法》、《国家可持续发展实验区验收管理办法》，确定了实验区建设"综合规划、重点突破、科技引导、机制创新、自主建设、突出特色、协调联动、公众参与"的指导原则，构建了实验区验收考核指标体系。

"九五"期间，社会发展实验区的工作在国家和地方两个层次同时推进，基本实现省、自治区和直辖市都建设各具一定代表性的实验区，其中，国家级不同类型的实验区约有60个。

2002年，国家可持续发展实验区管理办公室对首批建区满6年以上的20个国家级实验区进行了验收考察。

● 提升发展阶段（2002～）

2002年11月，党的十六大提出了全面建设小康社会的奋斗目标。2003年11月，党的十六届三中全会提出，要"坚持以人为本，树立全面、协调、可持续的发展观，促进经济社会和人的全面发展"。

在科学发展观的统领下，我国可持续发展实验区建设进入了全新的发展阶段。围绕新时期国家的战略目标和任务，实验区不断总结经验，及时调整工作任务和目标，创新工作思路和方法，完善管理办法，努力开拓新局面。

经过20年坚持不懈的推进，实验区从小到大，由点到面，已经成为实施国家可持续发展战略的重要实验示范基地。

（三）中国可持续发展实验区的目标与任务

围绕经济、社会和环境的协调发展，我国可持续发展实验区在建区之初就制定了明确的发展目标与任务。

1. 总体目标

根据实施"可持续发展"和"科教兴国"战略的要求，以经济建设为中心，依靠改革和科技进步，探索建立经济与社会协调发展、相互促进的新机制，不断改善人与自然的关系，更新观念，提高广大群众的科学文化素质，实现经济、社会和环境的协调发展，努力控制人口增长，提高生活质量，扩大劳动就业，完善社会保障，强调环境保护，促进社会公正、安全、文明和健康发展。

2. 具体任务

● 可持续发展综合能力建设。主要内容包括：建立有效的可持续发展管理运行机制；加快社会公益事业发展；提高人口素质；建立新型消费模式；完善社会福利及保障；提倡妇女、残疾人的平等参与。

● 农业与农村的可持续发展。针对我国农业和农村所面临的人均耕地少、农村经济欠发达、农业综合生产力较低、农业经济结构不合理、农业环境污染日益严重等制约因素，制定规划并推动可持续发展行动的有效实施，提高粮食生产和保证食物安全，增加农民收入，消除贫困，改善生态环境，合理永续利用自然资源。主要内容包括：土地资源和水资源的开发利用；脆弱生态系统的管理；农村替代能源（生物质能、风能、太阳能）开发；消除贫困。

● 调整产业结构，优化资源配置，建立最小排放社区。主要内容包括：依靠科技，引导经济增长方式由粗放型向集约型转变；建立质量效益型、科学先导型、资源节约型的经济发展体系；发展高新技术，培育新的经济增长点；发展第三产业，提高社区服务功能。

• 人类住区可持续发展。坚持以人为中心，促进人与自然的和谐共存，提高人类住区质量。其主要内容包括：老城区改造与文物保护；城镇垃圾处理等环境保护工程；加强人类住区的规划与管理；建设小康住宅；不断完善基础设施。

• 生态恢复与生物多样性保护。认真开展"保护资源，节约和合理利用资源"、"开发利用与保护、恢复并重"的可持续发展行动，依靠科技进步，运用市场机制和经济手段，有效配置资源，进行生物多样性保护，使有限资源和脆弱生态系统能够满足和支撑经济持续高速的发展，确保自然资源的持续利用和生态系统的完整性。其主要内容包括：珍惜野生动植物保护；环境监测与治理；海洋生态资源的保护和利用；湿地保护；森林资源保护和利用。

随着经济社会的快速发展，我国可持续发展实验区的发展目标与任务也在不断深化和调整。新时期，实验区将与时俱进，贯彻科学发展观，围绕构建社会主义和谐社会、建设资源节约型和环境友好型社会、推进社会主义新农村建设等一系列战略目标和任务，加快探索和实验示范步伐，努力成为国家体制创新、机制创新和技术创新的实验基地，成为推广、应用可持续发展集成技术的示范基地，成为全面建设小康社会和构建和谐社会的试点基地。

第二章　福建省可持续发展实验区概况

一、福建省可持续发展实验区建设背景

(一) 福建省实施可持续发展战略的必要性

改革开放以来，福建经济建设与社会进步取得重大成就，但福建人多地少，伴随经济的发展，人均自然资源短缺、环境破坏等问题也日趋严重。

- 人地矛盾

1952 年，福建省人口 1 270 万，人均耕地面积为 1.75 亩。1998 年开始设立实验区时，全省人口 3 299 万人，人均耕地面积为 0.54 亩，不足 1952 年的 1/3。随着人口数量的不断增加、经济发展对土地的刚性需求，全省耕地面积持续减少，人多地少的矛盾将进一步加剧，由此也导致对自然更多的索取，对生态环境造成更大的承载压力。

- 环境破坏

人口增长对农产品的需求压力，迫使农民高强度地使用耕地，大量使用化肥和农药。据统计，2005 年全省农药、化肥（折纯）施用量分别达 5.60 万吨、122.02 万吨，每亩耕地平均施用量分别为 2.6kg 和 56.69kg，分别是全国平均水平的 3.47 倍和 2.3 倍。过量的农药化肥使土地的结构遭到破坏、地力下降、板结贫瘠，耕地的污染和退化严重。

全省每年的废水排放量约为 9 亿吨，其中大部分工业废水未

福建宁德海面垃圾随处可见

经处理直接或间接地排入水体。一些沿海城市还出现了海水侵入，影响了地下水的质量。水质达标率逐年下降，城市内河污染仍较严重，部分湖、库呈富营养化趋势。此外，福建特殊的地理环境导致人口基本上靠水而居，居民的经济活动加速了水体的污染。

● 能源短缺

福建经济仍以资源消耗型为主，能源供给长期处于紧张状态。随着经济的快速发展，全省能源供需矛盾将进一步激化。据统计，近年来，全省能源供应量每年平均上涨1.5%，但是能源消耗量平均每年上涨10%。全省煤炭实际保有储量乐观估计也仅能开采12年左右，水电潜力已不大，烟煤、石油、燃气几乎全部依赖省外采购和进口。全省60%以上的能源需要从省（国）外引进，能源短缺已成为突出问题。

● **城乡与区域差距**

改革开放以来，福建城乡差距持续拉大。2005 年城镇居民人均可支配收入为 13 408 元，农民人均纯收入为 4 450 元，城镇居民收入是农民的 3 倍多；而 1959 年，这一差距仅为 1.8 倍，1980 年为 2.6 倍。同时，福建东南沿海地区与西北山区的地区差异也十分显著。以泉州和南平两地为例，2005 年泉州 GDP 为 1 626.3 亿元，是南平的近 5 倍；泉州市城镇居民人均可支配收入 14 209 元，是南平市的 1.4 倍；农民人均纯收入 6 123 元，是南平的 1.5 倍。

福建泉州水源地垃圾遍地

要解决福建上述经济社会发展中的突出问题，就必须尽快建立起将人口、资源、环境和经济发展等多因素综合治理的总体发展战略，即可持续发展战略。

（二）福建省可持续发展实验区的优势与特色

福建地处我国东南沿海，是我国最早实行对外开放的两个省份之一，建设可持续发展实验区，具有较为明显的特色和优势。

1. 六大优势

- 港口海运优势。福建居于东海与南海的交通要冲，是中国大陆重要的出海口，也是中国与世界交往的重要窗口和基地。
- 对外、对台优势。福建是中国的著名侨乡，旅居世界各地的闽籍华人、华侨有 1 000 多万。闽台关系源远流长，台胞中 80% 祖籍福建。
- 生物资源优势。福建有森林面积 1 亿多亩，森林覆盖率 63%，居全国首位。野生动植物资源丰富，是我国生物多样性最为丰富的省份之一。全省有脊椎动物 1 647 种，约占全国的 26.4%；高等植物有 4 703 种，约占全国的 14.3%。海洋资源十分丰富，有鱼类 750 多种，占全国海洋鱼类种数的一半，水产品品种占世界 50% 以上。
- 矿产资源优势。福建矿产资源中已探明储量的矿种有 118 种，其中石英砂储量、质量冠于全国。
- 旅游资源优势。全省旅游资源丰富，拥有武夷山、鼓浪屿、湄洲妈祖朝圣、福建土楼、古田会址等知名旅游品牌和一大批风景名胜区。福建又是著名的老区、苏区，当年中央苏区有 10 个县在福建。
- 改革开放优势。福建作为我国对外开放和进行综合改革实验的地区，成为全国改革开放的前沿阵地。随着深水海港、国际航空港和交通运输网络的逐步完善，未来福建仍将作为中国与世界交往的重要门户发挥重要作用。

2. 三个基础

- 资源环境基础。虽然福建省污染状况不容乐观，但与全国其他发达地区相比，全省生态环境总体上还差强人意。水环境状况总体良好，12 条主要水系达到和优于三类标准的水质占83.6%；9 个设区城市饮用水源地水质达标率为 89.1%；城市内河水质功能达标率为 42.5%，污染有所减轻。城市空气质量持续改善，全省 23 个城市空气质量均为优或良，优于全国 47 个环保重点城市的平均水平。城市噪音污染有所控制，环境放射性状况保持在天然本底水平。生态环境质量名列全国前茅。根据中国环境监测总站发布的评价，全省生态环境质量优的区域占85.37%，其余 14.63% 的区域为良，名列全国第一。

● 经济基础。"畅通、安全、高效、舒适"的综合交通运输体系初步形成。全省公路通车里程 56 202km，高速公路贯通省会福州至各设区市。有生产性泊位 485 个，福州港、厦门港货物吞吐量居全国前列。拥有福州长乐、厦门高崎等五个机场。境内有鹰厦、外福、赣龙等 11 条铁路或支线，总营业里程 1 466km。

现代农业基础扎实。农业结构调整取得新突破，培育三条产业带、四大主导产业、九个重点产品，做大做强优势产业。外向型农业迅速崛起，农产品国际市场竞争力增强。农业和农村基础设施不断完善。

生态工业初具规模。工业生产保持快速增长，对国民经济增长起主要拉动作用。2005 年，全省完成工业总产值 9 995.89亿元。

第三产业发展迅猛。全省拥有十分丰富的旅游资源和一批有较大影响的旅游品牌。2004 年接待入境旅游者达 172.9 万人次，旅游外汇收入达 10.65 亿美元。

● 社会发展体系。人口与计生工作稳步推进。科技创新能力不断增强，据科学技术部统计监测，福建省科技进步综合评价水平居全国第 9 位，全省专利申请量居全国第 11 位，授权量居全国第 8 位。文化、教育、卫生、体育、广电事业快速发展，不少走在全国前列。

3. 一大特色

福建与台湾隔海相望，两地地缘相近、民缘相通、文缘相承、商缘相连、法缘相循，同宗共祖的血缘亲情和同音共俗的传统文化，形成了闽台两地的特殊关系。一湾浅浅的海峡，隔不断闽台之间的历史情缘。

二、福建省可持续发展实验区发展历程

从 20 世纪 90 年代初开始建设社会发展综合实验区以来，福建省的可持续发展实验区建设大致也经历了积极探索、稳步发展和快速推进三个阶段。

（一）积极探索阶段

1992～1994 年，是福建省可持续发展实验区建设的初步探索阶段。

1992 年，根据国家科委和国家体改委《关于建立社会发展综合实验区的若干意见》，福建省开始了建设社会发展综合实验区的探索。原福建省科委立项开展"福建省社会发展综合实验区试点示范研究"，制定福建省实验区工作的指导思想、目标、重点、措施以及申报审批程序。

1994 年 4 月，原福建省计委确定在东山县和漳平市两地开展社会经济协调发展改革试点。

（二）稳步发展阶段

在探索试点的基础上，1995～2000 年，根据国家实验区协调领导小组关于"实施《中国 21 世纪议程》，推进社会发展综合实验区建设"的意见，福建省开始在全省稳步推进实验区建

设工作。

为推动实施可持续发展战略，1995 年 10 月，在福建省科技大会上，省委、省政府明确提出福建要建立一批社会发展综合实验区（后改为可持续发展实验区），并把它列入"九五"期间科技兴省十大工程的重要内容之一。

1997 年 5 月，经福建省政府同意，福建正式成立由省直 30 多个部门和团体组成的福建省社会发展综合实验区协调领导小组。当年 6 月，建立实验区被写进《福建省科学技术进步条例》中。为了规范管理，在广泛调研基础上，福建省先后制定出台《福建省社会发展综合实验区建设与管理（暂行）办法》、《社会发展综合实验区规划编制基本内容和要求》和《社会发展综合实验区建区考评（暂行）办法》等。

此后，根据建区要求和管理办法，福建省科技厅选择东山县、石狮市、漳平市作为第一批考核对象，组织专家进行实地考察，指导当地编制规划。1997 年 12 月和 1998 年 4 月，分别对上述三个市（县）进行实验区规划论证和实地考评。

1998 年 9 月，福建省实验区领导小组根据国家将社会发展综合实验区更名为可持续发展实验区的有关决定，以"可持续发展实验区"这一名称审批了石狮市、漳平市、东山县为福建省可持续发展实验区。1999 年 10 月，又批准了福州市仓山区螺洲镇为福建省可持续发展实验区。

（三）快速推进阶段

2001 年以来，福建省可持续发展实验区建设持续推进，陆续进入考评验收阶段，实验区建设不断提升和发展。

从 2001 年起，按照科学技术部下发的《国家可持续发展实验区管理办法》的规定，可持续发展实验区实行分级管理，省科技厅对省级可持续发展实验区进行管理。

2001 年 12 月，科学技术部审核批准东山县升格为国家级可持续发展实验区。

2001 年 12 月、2002 年 9 月、2004 年 12 月，福建省科技厅分别批准武夷山市、南平市、龙岩市新罗区为福建省可持续发展实验区。

各实验区按照建区规划和国家、省的总体要求，精心组织实施，有力促进了当地经济、社会与人口、生态环境与资源的协调发展，取得可喜成效。

2005 年起，福建省开始陆续对可持续发展实验区开展中期评估或验收。2005 年 7 月，漳平市首先通过了省级可持续发展实验区总体验收；12 月，东山国家级实验区通过了科学技术部中期检查评估。

2006 年 10 月，福建省科技厅组织对惠安县进行考评，同月批准该县建设省级可持续发展实验区。

2007 年 12 月，厦门市思明区、三明市泰宁县通过福建省科技厅组织的考评，获批准建设省级可持续发展实验区。

2008 年 6 月，福建省科技厅组织对龙岩市新罗区省级可持续发展实验区建设进行中期验收，同月，批准新罗区铁山镇建设省级可持续发展实验区。

2008 年 10 月，福建省科技厅组织对泉州市永春县、莆田市仙游县进行考评，并于同月批准两个县建设省级可持续发展实验区。

三、福建省可持续发展实验区的主要模式

在十多年的探索中，全省各地围绕经济、社会与人口、资源与环境等重点领域的一些重大问题开展了广泛的研究和实践，创建了一批各具特色的区域可持续发展模式，凸显了可持续发展的

示范带动作用。

概况而言，全省现有的可持续发展实验区主要可以分为沿海型、内陆型和山海结合型三大类，每一类模式中又有各自不同的样式。不同模式的可持续发展实验区都能立足于本地区的资源、环境、产业、社会等方面特点，走有本地区特色的可持续发展道路。

（一）沿海型

主要包括东山岛国家可持续发展实验区和厦门市思明区、石狮市、惠安县等 3 个省级可持续发展实验区。沿海型的可持续发展实验区的经济相对较发达，有良好的产业基础和区位条件。具体又分可为海岛生态型（东山县）、沿海侨乡经济型（石狮市、惠安县）和高新技术产业集约型（厦门市思明区）等几种模式。

● 海岛生态型

福建省临海，周边海岛众多。在可持续发展过程中，选择有代表性的东山县进行建设，其做法具有一定的借鉴经验。该县主要把握海岛的港口优势，利用港口发展港区工业，努力把区位优势转化为开放优势，把港口优势转化为竞争优势，把资源优势转化为产业优势；结合旅游资源，打造国际化的旅游海岛。提出了建设国际旅游海岛、海峡文化名城、海洋经济强县的发展目标，重点推进路网建设、生态绿化、家园清洁行动、环境保护和重大节庆活动等方面工作，达到"发展经济、提升实力和发展为民、增加实惠、有效改善民生"两大效果。

● 沿海侨乡经济型

福建省沿海地区的一些县市是著名侨乡，在吸引海外投资方面有独特的血缘优势，在经济产业发展中形成的特色产业及商品品牌也具有地区甚至全国知名度。这些地区在实验区建设中充分发挥了这一特色和优势。以石狮市为例，其主要做法可概括为：

一是强化领导队伍建设，提高政策决策力。市领导每年召开一次可持续发展专题协调会，及时解决地区现有的社会、生态焦点问题，同时把可持续建设工作细化、量化分解到各职能部门。二是做大产业集群效益，提升地区综合实力。石狮市打好纺织服装城的品牌，做强服装产业链，以纺织服装 ASP 公共服务平台建设为切入点，以信息化带动工业化，增强经济发展后劲。通过服装的品牌优势，带动相关的展会经济发展，提高城市的知名度。在做强工业发展的同时，按照工业反哺农业的要求，对农村开展奖金补助和技术培养，农村的特色示范区成效明显，农民收入稳步上升。三是引导农村劳动力转移与人力资源的培养。在各镇开展农村劳动力技能培养，形成了"外地培训，石狮就业"人力发展模式，初步建立求职咨询、职业指导、职业介绍、职业培训、职业技能鉴定、劳动事务代理、档案寄存、失业保险、职业争议调解的"一条龙"服务体系。四是生态保护措施得力。通过深入开展环境综合整治工作，全市已做到工业污染物的及时有效处理、居民生活垃圾的资源化回收和严格的森林生态保护。

● 高新技术产业集约型

高新技术产业是高附加值、高效益的产业类型，在可持续发展中具有突出地位。以厦门市思明区为例，其主要做法有：一是坚持科学发展观，推动经济又好又快发展，通过政策创新，优化产业结构；二是坚持建管并重，人居环境质量不断提升，协调城区管理，提高市容保洁水平，推广节能减排小区环保项目，环境保护和园林绿化得到加强；三是坚持以人为本，和谐稳定局面，改良社会保障体系，出台具有当地特色的和谐社区标准，建设和谐社区；四是提高政府机关办事效率，做到依法行政，提高公共服务能力，深化政府绩效建设。

（二）内陆型

主要包括漳平市国家可持续发展实验区和龙岩市新罗区、南平市、武夷山市等3个省级可持续发展实验区，这些实验区主要立足内陆地区，根据区域自身的矿产、旅游资源丰富等优势，加快对一些地区传统工业的技术改造，挖掘内在潜力，主要发展提升产业层次或改善产业内部结构。具体又可分为老区工业生态型（漳平市、龙岩市新罗区、南平市）和旅游生态型（武夷山市、泰宁县）等几种模式。

● 旅游生态型

福建省整体的旅游资源丰富，尤其是对相对经济不发达的闽西和闽北地区而言，发展生态旅游，走经济、社会、环境共同发展的道路是一个多方共赢的战略。以武夷山市为例，主要做法有：一是科学的发展定位。提出"旅游兴市、环保立市、科教强市、开放富市"发展战略。二是强调生态保护。通过法律、行政、经济、教育等手段切实保护景区及周围地区的人文景观和自然景观，达到景区的可持续发展。三是强调农村和谐发展。通过政府引导，做到景区发展与周边发展同步。确立景区发展扶持专项资金，帮扶农村发展旅游经济，使村民走上旅游致富的道路。四是旅游开发与文化建设同步，挖掘文化遗产资源，加大投资，先后完成了武夷书院、柳永纪念馆、武夷古代名人馆、博物馆等系列文化展馆的建设，丰富了景区文化内涵。大力弘扬传统文化，成功举办"中国武夷山世界遗产节"、"武夷山大红袍茶文化艺术节"，使文化旅游与生态旅游相得益彰。

● 老区工业生态型

在闽西与闽北的城市地区，存在着一些原有的工业基础较好，但产业耗能较大的产业集中区，其中龙岩、三明、南平等设区市所在地区表现较明显，建设可持续发展实验区十分紧迫，任务艰巨。以漳平市为例，一是加强可持续发展的理论宣传，提高从政府工作人员到普通居民对可持续发展的认识，立足实际，不断探索可持续发展新路；二是统筹各产业发展的方向，集中力量建设以能源、建材、林产、矿冶、化工、轻纺为主体，多部门协调的生态工业配套体系，建设了一批以花卉、茶叶等区域特色农产品为代表的生态农业区，或完善邮政、电信、广播电视等、有计划地新建一系列城乡基础设施。三是以城乡一体化建设为基础的城乡社会保障体制的完善。

（三）山海结合型

主要包括 2008 年新申请建设省级可持续发展实验区的仙游县和永春县。其中，仙游县背山临海，既有较发达的沿海乡镇，也有相对落后的山区；永春县则地处内陆地区与沿海发达地区的结合部。这些实验区既有内陆的资源优势，又可有效对接沿海的经贸优势。具体又可分为农业生态型（仙游县）和生态工贸型（永春县）两种模式。

● 农业生态型

福建沿海地区人多地少，人均耕地资源十分紧缺，经济社会发展中存在不少制约因素，建设可持续发展实验区对促进人口、资源、环境协调发展、科学发展具有重要意义。仙游县是一个以农业为主的人口大县，在建设中，立足本地优势，以发展农村循环经济和生态能源为重点，努力推进自然资源再生和社会再生产相结合，形成绿色产业链，辐射相关产业，促进区域经济、社会与环境的协调发展。

● 生态工贸型

福建不少县市地处山海连接部，是沿海与内陆山区的重要通道，建设可持续发展实验区，可以起到承接沿海、示范和带动内陆的重要作用。永春县充分发挥区位优势和产业特色，大力推进生物医药基地建设、环境保护和污染治理、农业产业化和新农村建设等，形成颇具特色、优势互补、互动互联的区域经济协调发展格局，成功地走出一条以资源型经济为特色、以民营经济为主体的发展道路。

第三章 漳平市可持续发展实验区

漳平市建设省级可持续发展实验区始于 1998 年，2005 年 7 月通过省可持续发展实验区的验收，并被列入省级可持续发展示范区建设。2006 年 10 月被科学技术部批准为国家可持续实验区。

一、建设背景与概况

漳平市位于福建省西南部，九龙江北溪上游，面积 2 975 km^2，辖 8 个镇 6 个乡 2 个街道，总人口 27.42 万人。

针对在经济社会发展方面存在的产业结构不尽合理、经济实力有待提升，观念滞后、高素质人才短缺，工业"三废"污染、山地水土流失和农村面源污染等制约因素，漳平市申请建设省级可持续发展实验区，并于 1998 年 8 月获准建设。

建区十年来，漳平市把可持续发展放在优先发展的重要战略地位，全面深入贯彻科学发展观，以探索创新体制和工作机制为重点，以示范项目为切入点，大力实施"项目带动、环境推动"战略，全力抓好可持续发展实验区建区的各项工作，认真实施《漳平市 21 世纪议程——漳平市可持续发展实验区总体规划》和《漳平市国家级可持续发展实验区总体规划》，精心组织可持续发展的实施工作，取得显著成效。

在建设可持续发展实验区过程中，漳平市坚持立足本地优势，狠抓农业综合开发与传统工业技术改造，国民经济稳步增长，产业结构不断优化，生态环境持续良好，经济综合实力稳居闽西前列，全市可持续发展能力明显增强，有力地促进了经济、社会与人口、环境、资源的协调发展，初步走出一条依靠科技进步、实现山区经济、社会和生态协调发展的新路子，为老区、山区实现经济、社会的可持续发展起到示范带动作用。

二、实验区建设规划要点

漳平市可持续发展实验区主要有五大可持续发展重点建设领域和四大可持续发展体系工程项目。

（一）重点发展领域

1. 社区可持续发展

- 完善新型社会组织，加强社区管理与服务。
- 促进社会事业从公益型向实业型转轨。
- 加快发展文化教育卫生事业，提高人口素质。加快发展教育事业，提高劳动者素质；发展科学技术，大力促进科技的推广应用；加快卫生事业发展，实施初级卫生保健；控制人口增长，提高人口素质。
- 建立和完善实用的信息系统。
- 完善社会福利及保障体系。建立健全行业生产保险、社会保险、残疾人保险三方面保险体系；制定优惠政策，进一步扶持和发展社会福利企业。
- 促进妇女、残疾人的平等参与。
- 加强精神文明建设，树立良好的道德风尚。

2. 城镇可持续发展

- 合理规划布局，构建层次分明、协调发展的城镇体系。形成市域中心城区、主要城镇、一般城镇的三级城镇体系。
- 加强城市规划与旧城改造。

- 完善城市基础设施，改善城市环境。
- 加强污水回收与利用。2000 年，污水处理率达 25%，2025 年争取达到 50% ~ 60%。
- 加强城镇垃圾处理与资源化利用。2000 年，垃圾回收与综合利用率达 40% 以上，城市生活垃圾、粪便无害化处理率达 60% 以上。
- 加强人类居住区管理。形成由政府和社区组织共同参与的新的管理方式。
- 丰富市民文化生活，提高城市文化品位。

3. 农业与农村可持续发展

- 加强土地资源、水资源的合理开发与高效利用。
- 加强脆弱生态系统的管理与保护。加强土地资源、水资源、林业资源的保护与利用；加强矿山资源的开发和保护；积极引导农民大力发展生态农业；加强城市环境综合整治与工业污染防治；加强水土流失治理。
- 调整农业结构，优化资源和生产要素配置。加快发展农村工业、交通运输业、建筑业、采掘业、商业和各类服务业；加快发展农产品深加工；进一步深化农村经济体制改革，大力实施科教兴农战略。
- 加强土地保护与培植。完善土地利用规划，强化耕地管理。
- 建立农业保障体系。加强农业产前、产中、产后社会化服务；发展农业保险；充分发挥农业科研单位和基层站所科技人员的作用。
- 发展农村替代能源（生物质能）。大力发展小水电，推广普及沼气，积极推广省材节煤灶，开展太阳能、风能开发利用研究和试点。
- 消除贫困。加强农业综合开发；推进开发式扶贫；加强基础设施建设；加大智力扶贫力度；分级管理，做好挂钩扶贫；争取外援支持。

- 发展绿色食品。
- 加强水土流失综合治理。

4. 产业结构调整与推行清洁生产

- 加快产业结构调整，改善三种产业间的比例关系。
- 根据当地资源发展新型无污染产业群。重点发展水电能源工业、建材工业、木竹加工业，积极开发笋类系列产品，大力发展电子工业和其他高新技术产业，加快煤炭、铁矿等重点骨干矿点建设，大力发展种植业产业化项目，加快速生丰产林、毛竹林基地建设，改造低产林，加快发展畜牧水产业。
- 开发和推广应用清洁生产工艺。
- 以高新技术改造锅炉、窑炉工程。重点推进建筑陶瓷行业烟尘治理、水泥行业粉尘治理，着重削减二氧化硫、烟尘、工业粉尘排放量。
- 废旧物品回收和利用。
- 煤的清洁运输与燃烧。
- 清洁能源开发与应用。
- 工业废弃物无害化处理与资源化。大力推广粉煤灰等废弃物的综合利用，鼓励废物资源化处理。制定清洁生产的优惠政策。征收总量排污费和超标排污费。开展相关技术研究、攻关，引进先进实用技术。

5. 生态恢复与环境保护

- 森林资源保护和利用。加强森林资源管理；维持森林的多种功能。
- 绿化造林。搞好护林、育林，依靠科技，定向培育速生丰产林、工业原料林、竹林和经济林基地，大幅度提高单位面积产量。加快林业结构调整。

- 野生珍稀动植物保护。

- 环境监测和治理。到 2000 年工业废气处理率达 90％，工业废水处理率达到85％，工业固体废物综合治理率达到60％以上。

（二）优先建设项目

1. 营建可持续发展的经济体系工程项目

- 重点建设项目有：铁路交通枢纽与中心城市工程项目，亚热带坡地种植业产业化工程项目，亚热带水产养殖产业化工程项目，亚热带现代化畜牧业产业化工程项目，300 万吨高标号水泥工程项目，100 万千瓦火电厂项目，永福溪梯级电站开发项目，大中型交通运输工具现代化制造维修工程项目，煤化工及精细化工示范工程项目，高技术产业化工程项目，山区现代化花园式小城镇建设示范工程项目，以及发展花乡、观光农业及避暑休闲度假为主的绿色旅游工程项目等。

2. 营建可持续发展的社会体系工程项目

- 重点建设项目有：红土地育人示范工程项目，激励企业家创新精神示范项目，"学习强市"与"教育强市"互动发展示范项目，人力资源开发工程项目，全民健身工程项目，人人享有卫生保健示范工程项目，"家庭计划"工程项目，消除贫困示范工程项目，社会保障示范工程项目等。

3. 营建可持续发展的环境保护与资源合理利用工程项目

- 重点建设项目有：水土保持工程项目，强化环境监控和管理工程项目，大力推行清洁生产工艺工程项目，固体废物资源化处理项目，大力推行生物防治示范工程项目，亚热带坡地生物多样性保护工程项目，水资源合理持续利用工程项目，沼气能源技术推广示范工程项目，矿产资源合理开发利用工程项目等。

4. 营建团体及公众参与可持续发展的工程项目

- 重点建设项目有：妇女参与可持续发展示范项目，青少年参与可持续发展示范项目，工人和工会参与可持续发展项目，少数民族参与可持续发展示范项目，科技界参与可持续发展示范项目等。

三、主要做法与成效

（一）可持续发展观念深入人心

漳平市始终把提高市民可持续发展意识放在重要位置，尤其是提高领导干部对生态、环境、资源的保护意识，对可持续实验区的建设起到了积极的促进作用。一方面，加大可持续发展战略的宣传力度，提高公众对可持续发展的认识。围绕"可持续发展"、"科教兴市"的主题，加强宣传工作，推动观念的大转变、思想的大解放、体制的大转轨。另一方面，从强化可持续发展意识入手，引导各级领导干部自觉树立科学的发展观；立足漳平市实际，不断探索可持续发展新路子，使可持续发展思想逐步深入人心。市委、市政府在对重大发展战略、重点项目决策时，充分考虑了可持续发展的基本要求，坚持超前性、科学性和可行性的原则，通过建设富山工业园区调整生产力布局，引进新技术项目优化行业结构、坚持合理开发和加强资源的保护并重，逐步实现了经济、社会、生态环境协调发展。

（二）可持续发展能力不断增强

● 经济综合实力显著增强。2007 年全市生产总值达到 52.7 亿元，比 1998 年增长 112.5%，人均生产总值 1.92 万元，比 1998 年增长 100.9%，财政总收入 4.56 亿元，比 1998 年增长 206%，城镇居民人均可支配收入 10 882 元，比 1998 年增长 103.3%，农民人均纯收入 5 146 元，比 1998 年增长 80.5%。

● 工业经济结构调整见成效。通过实验区建设，工业企业逐步向园区集中，入园企业总数达75家，产值达13.5亿元，资源、资金、技术等得到整合，非公有制经济进一步发展壮大，初步形成了以能源、建材、林产、矿冶、化工、轻纺等工业为主体、行业齐全、门类众多的现代化工业体系，生态工业初见端倪。2008年，全市实现工业总产值44.05亿元，比1998年增长131.8%，其中规模以上工业占总产值的71%；工业企业产销状况良好，效益明显提高，2007年实现利税达4.94亿元。

漳平市龙川工业园

● 农村经济稳步发展。以花卉、茶叶、竹木、畜牧、水产为特色的生态农业经济初具规模。花卉业发展快速，种植面积由两三千亩扩大到近万亩，布局从永福向城区拓展并向各乡镇延伸，其中杜鹃花呈规模化发展，成为全国最大的杜鹃花生产基地；南洋水仙茶、西园苦瓜等6个产品通过省级检测被认定为无公害农产品，传统农业结构正加快向特色生态农业发展；农业产业化经营初见成效，农产品加工企业发展到45家，其中成规模、上档次的龙头企业20余家，被列入国家级台湾农民创业园1个，省级龙头企业3家。2007年，全市特色农业产值达4.6亿元，木制品加工企业产值达5.32亿元，新增毛竹丰产林面积4.5万亩，茶叶种植面积4.54万亩，主要特色农业为农民人均增收

1 500元。

　　● 第三产业进一步发展。全市实现第三产业增加值22.2亿元，比1998年增长98%，邮电、通信、信息、法律服务等行业持续发展，近几年来，先后建成汇盛名城、祥和新城、万成·家天下、凯源、东山别墅、火车站改造、闽西南商贸城、桂林市场、东环果蔬批发市场等具有一定规模和档次的市场和商业网点。

漳平市茶王茶艺大赛

（三）人民生活显著改善

　　● 城市建设上新台阶。实施"东拓、南延、西联、北进"，共投入3.5亿元，拓展城市新区2km²，新建城市道路2条，新增公共绿地4.2万m²，完成火车站新站房及站前广场改造、八一东路、东山公园、东门步行桥、环城北路一期、闽西南商贸城、汽车客运中心、星级宾馆、榉仔洲文化广场、城区夜景工程等项目建设。

城区夜景

● 农村基础设施建设扎实推进。全面实现村村通水泥路面。基本完成农村"六千"水利工程，22个新农村试点村建设有效推进，实施户户通水泥路43km，完成集镇、村庄建设和产业发展规划，"一村一品"、"一乡一品"模式初见雏型。家园清洁行动有效开展，完成户用沼气"一池三改"1 700户，有3个试点镇、19个试点村的农村"家园清洁行动"通过省级抽查验收。

● 保障体系不断完善。实施新型农村合作医疗和城镇居民医疗保障，农民参合率89.1%。实施灵活就业人员基本医疗保险和职工医疗互助，建立困难群体救助保障制度和农村困难群体医疗救助制度，纳入城市、农村最低生活保障对象分别为1 824人、8 318人，城乡居民救助保障标准进一步提高。城乡统筹就业加快推进，农村劳动力转移培训和职工技能鉴定扎实开展，培训农村劳动力8 556人。产品质量和食品安全专项整治工作目标基本实现，涉及群众健康安全的产品质量和食品安全总体水平不断提高。

● 社会事业全面进步。教育工作连续三次顺利通过省、龙岩市教育督导评估，教育教学质量不断提高，高考与考生一本上线率居龙岩市首位；启动第三轮农村中小学校舍危房改造，拆除所有校舍 D 级危房近 4.3 万 m^2。医疗卫生条件明显改善，启动市妇幼保健院和中医院迁建项目，完成乡镇中心（重点）卫生院改造提升工程项目，市博物馆搬迁顺利完成，并向社会开放。完成 2 个乡镇文化站和 108 处群众性体育设施建设；成功承办第十三届省运动会足球、乒乓球比赛以及省少儿男子举重锦标赛、全国少年男女举重分龄赛；参加全国、省各项体育比赛共获43.5 项冠军。完成全市电视模拟信号与数字信号的转换、120 个20 户以上自然村的广播电视"村村通"以及 58 个行政村的两台覆盖工程。

漳平市科学技术大会

● "三大国策"有效落实。认真落实市长环保目标责任书，加大污染治理力度，扎实开展违法排污和垃圾专项整治；加快生态市、生态示范区建设，完成全省第一家县级市环境信息在线监控系统建设，创新生态公益林管护机制，九龙江流域和新安溪饮用水源得到有效保护；节能减排扎实推进，依法限期治理超标排放企业 10 家，关停高耗低产企业 14 家。完成 2 955.5km^2 土地利用更新详查和新一轮城镇基准地价更新。继续保持低生育水平，连续 17 年完成龙岩市下达的人口计划，被国家计生委授予"全国计划生育优质服务先进市"。

（四）示范建设项目扎实推进

建区以来，漳平市大力实施"项目带动、环境推动"战略，着力改善投资环境，建立项目开发考核机制，形成了全市上下齐抓项目开发的良好氛围，经济社会、科技教育、社会保障、社会安全、环境保护、资源节约、城市建设等一批实验区重点项目建设取得实质性进展。1998 年以来累计完成项目开发 626 个，有力地促进了经济社会与人口、资源、环境的协调发展，为漳平市经济持续增长积蓄了后劲。

2006 年 10 月被列入国家级可持续发展实验区以后，漳平市根据规划要求，确定 30 个优先建设项目，计划总投资 74 亿元，迄今已启动 24 项，共投入资金 16.87 亿元，占总投资计划 22.74%。

● 工业及农产品加工业项目 8 项，已动工建设 6 项，分别为漳平电厂改扩、红狮水泥厂、佰益健生物科技、高级木结构房屋、龙泰安农副产品加工一期、国家级漳平台湾农民创业园等工程，合计完成投资 2.6 亿元。

● 农业和农村可持续发展项目共 8 项，已动工建设 6 项，分别为：无公害苦瓜生产基地，建成 2 000 亩，占基地建设总面积 67%；速生丰产林基地建设已建成 10 万亩，占基地建设规模

50%；大坂水库灌区配套与节水改造项目，新增节水灌溉 2 000 亩；果－牧－沼生态农业推广项目，生猪养殖 12 万头，新建沼气池 32 个，有 1 200 多户用上沼气；新农村示范村建设全面起动；农村路网建设完成水泥路面 262.7km，完成投资 10 176 万元，占任务 89.26%。

- 社会可持续发展与城镇建设项目共 8 项，已动工建设项目 6 项，分别为农村卫生服务体系建设，新建永福、溪南、象湖、双洋 4 个镇卫生院，建筑面积 2 100m^2；和平北区开发完成投资 1.402 亿元，占任务 73.7%；防灾减灾体系建设已基本完成；汽车客运中心已完成投资 1 200 万元，占任务 30%；影视文化娱乐中心完成投资 4 657 万元，占任务 116.4%；主体工程已完工；永春—永定高速公路已进入前期准备工作。

- 环境与生态建设项目 6 项，已动工兴建项目 5 项，分别为东坑垃圾处理场，投资 2 890 万元，已建成投入使用；污水处理厂已完成招标、征地，投入 510 万元，占任务 10%；九龙江沿岸绿化工程已全面启动；福祉阁公园已建成投入使用；九龙江北溪防洪堤二期工程已建成防洪堤 3.5km，排涝站 1 个，完成投资 1 520 万元，占计划 43.4%。

第四章　东山县可持续发展实验区

1994年，东山县成为福建省首批2个社会经济协调发展改革试点之一。2001年12月，东山县成为福建省首个"国家可持续发展实验区"。开展试点与建立可持续发展实验区以来，在科学的可持续发展理论指导下，东山人民将谷文昌精神朴素的可持续发展观升华为科学的可持续发展观，成功探索出一条海岛生态型的可持续发展模式。

一、建设背景与概况

东山县位于福建省南端的东山岛。全县陆地面积247.24km^2，设置7镇，61个行政村，16个社区，总人口20.33万人。

历史上，由于自然灾害和人为战争的破坏，东山岛植被稀少，风沙危害严重，是个民不聊生的穷困海岛。解放后，在谷文昌同志的带领下，通过十几年的植树造林，彻底改变了原来恶劣的自然生态环境。在此基础上，东山人民充分发挥自身优势，社会经济事业获得快速发展，开创了一条先改善生态环境后发展社会经济的朴素的可持续发展道路。

但是，东山县在发展过程中，始终存在土地紧缺、水资源贫乏、海岛生态脆弱、远离经济中心、科技文化基础薄弱等制约因素。为尽快扭转这一现状，1998年，东山县申请建设可持续发展实验区，以加快产业结构调整，优化生态环境，推进城乡一体化建设，增强可持续发展的能力。

实验区建设以来，全县充分利用海岛和对台的优势，大力发展生态农业、特色旅游和对台经贸交流与合作，可持续发展的经济体系基本建成，经济运行质量显著提高；可持续发展的社会体系更加完善，各项社会事业协调健康发展；环境保护与资源合理开发利用体系基本建立，生态环境得到保护、资源得到持续高效合理开发利用；政府科学决策和促进可持续发展的协调机制日益成熟，以人为本的可持续发展观念进一步确立。

2005 年，实验区通过中期检查，获得专家的高度好评。

二、实验区建设规划要点

东山县可持续发展实验区，重点建设六大体系，四大类可持续发展示范项目。

（一）重点发展领域

1. 构建可持续发展的产业体系

• 建立新型产业发展体系。从传统发展模式向集约型可持续发展模式转变，逐步建立起节约型、环保型的可持续发展产业体系。

• 加强可持续发展的现代农业。保护基本农田，加强农业基础设施建设，推广生态农业，发展生物技术为核心的高科技农业，推进农产品质量升级，开拓耕海牧渔新领域。

• 建立可持续发展的现代工业体系。加快电子信息、高档材料工程建设；发展生物医药、环保、海洋化工等新兴产业，应用高新技术改造提高传统产业，开发清洁能源。

• 协调发展第三产业。改善发展环境，调整内部结构，加快金融保险、房地产等新兴产业的发展，加快发展生产性服务业。

2. 构建与可持续发展相适应的人口支持体系

● 提高人口素质。加强生殖保健，抓好优生优育，全面推进素质教育；做好老龄人口工作。

● 继续控制人口增长。加强农村、城市和流动人口的计生工作。

● 重视人力资源开发。加快发展农村第二、第三产业和卫星城镇，促进农村劳动力转移，做好再就业工程，调整人才结构。

3. 构建可持续发展的资源保障体系

● 加强资源的宏观管理。处理好开发与保护的关系，制定海岛优势资源专项开发利用规划。

● 强化经济调节手段。开展自然资源的核算，建立合理的资源价格体系，实现国土资源的合理配置。

● 拓展资源配置空间。优化资源配置，加快交通设施尤其是出岛通道和港口建设。

4. 构建良性循环的环境承载体系

● 加强工业污染和水土流失的综合治理。提高企业"三废"处理能力和资源综合利用水平，推行清洁生产。

● 加快环保工程建设。建设城镇交通、园林绿地、固体废物处理设备，增强消化垃圾、消减噪音和扬尘的能力，提高城镇污水处理水平。

● 保护自然生态环境。加快沿海防护林二代更新建设，建设海洋生物多样性保护区。

● 加强防灾减灾工作。加速改造沿海防护林带及农田防护林网络，加强海堤防护和避风港建设。

5. 构建可持续发展的社会体系

● 实施科教兴县战略。加快高新技术产业化和产业技术升级进程，推进教育强县建设和精神文明建设，大力提高全民素质。

- 发展卫生保健事业。建成多层次的，集医疗、预防、保健、康复于一体的多功能的卫生保健体系。
- 建立健全社会保障体系。加快县级社会保障体系，形成一个具有广泛社会基础的社会保障体系。

6. 构建有利于可持续发展的经济管理与运行体系

- 确立可持续发展的总体战略地位。坚持经济建设与环境建设同步规划、同步实施、同步发展。
- 加快可持续发展的体制创新。建立统一开放、竞争有序的市场体系，加快建立现代企业制度。
- 加强政府宏观调控。加快转变和完善政府宏观管理职能。

（二）重点示范项目

1. 经济可持续发展示范项目

- 重点建设项目有：芦笋产业化工程项目、鲍鱼产业化工程项目、牙鲆鱼产业化工程项目、东山优质水产种苗工程项目、水产品精深加工清洁生产示范项目、东山旅游经济国际化项目、中国东山软件园项目、扩大闽台科技合作与交流项目等。

2. 社会事业可持续发展示范项目

- 重点建设项目有：弘扬谷文昌精神项目、东山—台湾关帝文化项目、闽台交流纪念馆—寡妇村项目、海岛小城镇建设项目、社会保障工程项目、东山县实施国民经济与社会信息化工程、家庭计划工程项目等。

3. 环境保护和资源利用可持续发展示范项目

- 重点建设项目有：环境监控和管理工程项目、资源开发和合理持续利用工程项目、可再生清洁能源开发风力发电项目、东山岛海洋生物多样性项目、东山岛景观生态建设与社会经济协调发展示范项目、东山高档次农林恢复系统工程项目等。

4. 能力建设与法制保障示范项目

● 重点建设项目有：政府行为与法制保障项目，人力资源开发工程项目，努力实现"终生学习社会"项目，东山激励企业家创新项目等。

三、建设成效

（一）经济发展跃上新台阶

自 1994 年开展社会经济协调发展改革试点以来，全市经济社会快速发展。与 1994 年相比，到 2000 年，全市国民生产总值增长 302%，财政收入增长 289%，城镇居民收入增长率 63%，农民人均纯收入增长 194%。2001 年获批建设国家级可持续发展实验区后，全县经济社会发展步伐进一步加快。2007 年，全县生产总值、财政收入、城镇居民人均可支配收入、农民人均纯收入的增幅均创近十年来新高。

（二）重点项目建设顺利推进

建设总投资 26 亿元的旗滨浮法玻璃项目第一条 900 吨优质浮法玻璃生产线窑头已成型，可在 2008 年底点火投产，年产值 8 亿元，年纳税 1 亿元，2009 年 10 月第二条在线镀膜玻璃生产线也可投产；投资 45 亿元的华浮造船项目完成 2.5 万吨码头回购复建手续，2008 年 6 月开工建设，投产后年造船能力可达 300 万~450 万吨载重，年产值约 300 亿元，税收 15 亿元；投资 1 000 万美元的融丰食品有限公司冻藏能力 10 万吨，2008 年 8 月正式投产，年产值 3 亿元，年创汇 4 000 万美元，税收 1 000 万元以上；投资 5 亿港币的金紫荆温泉海岸项目开工建设；投资 25 亿元的中信海峡论坛项目即将开工。一批重大项目为发展积蓄了后劲。

东山硅沙码头

（三）城乡基础设施不断完善

投资 1.2 亿元的西铜公路一期工程 12.2km 主车道于 2007 年 8 月开工，春节前水泥路面通车，二期高标准市政配套工程正加速推进，2008 年 6 月竣工；投资 6.68 亿元、总长近 23km 的漳州沿海大通道已奠基开工；县道西陈公路山至北山段硬化工程开工；总投资 6.35 亿元的东山岛饮水安全工程，在 2007 年新建成两大自来水主管线、新增 8 个村通水的基础上，2008 年又新增 5 个村，力争至 2010 年让全县 61 个行政村、16 个社区全部通上自来水；投资 1 800 万元组织"东山发展战略规划"国际竞赛。

东山高速公路

（四）工业发展平台初步形成

临港经济工业园的旗滨玻璃和华浮造船项目加快推进，总投资 15 亿元的海峡两岸（福建东山）水产品加工集散基地已有 16 家企业签约落户，其中投产 4 家、在建 7 家，保税仓储物流中心完成征地 441 亩，投资 1.9 亿元的保税仓储一期工程 2008 年上半年投建；生态工业园正开展地质全面普查，已完成地质钻探。全县"一区三园"（经济技术开发区、临港经济工业园、杏陈生态工业园、西埔工业园）的产业布局初具规模。

（五）对外形象有效提升

成功举办第一、二届漳州旅游节，十六、十七届海峡两岸（福建东山）关帝文化旅游节暨闽台水产品博览会，在办节方式、办节成效上都有新突破。完成夜景工程 80 个项目建设。每年投入 1 000 万元，五年合计 5 000 万元实施全岛生态绿化工程，生态绿化 2008 年已完成造林 4 600 亩，并开展西铜公路、金銮大道等重点路段高品位、高档次的配套绿化。盗采海砂现象得到有效遏制，旅游资源、林业资源得到较好保护。

（六）群众得到更多实惠

渔船抵押贷款 2007 年发放 3 790 万元，2008 年发放 2 500 万元，共支持渔民新发展钢质渔船 169 艘。渔工责任保险、渔船保险相继推行，海上救助中心进一步完善，海难救助基金成立，渔民生产生活条件大有改观。12.54 万农民参加了新型农村合作医疗，城镇医疗保险开始推行，重点乡镇卫生院、社区卫生服务中心加快建设，群众就医问题进一步解决。低保扩面提标，3 376 个城镇低保户、2 846 个农村低保户的最低生活保障金按时发放，困难群众生活有保障。教育"两免一补"落实到位。同时，县

东山马銮湾景区

殡仪馆骨灰堂、敬老院、城乡社会福利中心、经济适用房、垃圾无害化处理厂、污水处理厂等一批改善民生重点工程扎实推进。

（七）社会事业长足进步

2007年再次通过全国科技进步考核，被确立为科技富民强县试点县，再次被评为全国双拥模范县等。"双高普九"一次性顺利通过省级验收。谷文昌纪念馆、寡妇村展览馆、东山二中生物标本馆、滨海沙生植物园等宣传教育基地、爱国教育基地、国防教育基地、科普教育基地陆续建成并投入使用，建设内容更加丰富，教育效果更加明显。全县发展的软实力大大增强。

东山县沃角小学

第五章 南平市可持续发展实验区

南平市从 2002 年开始建设省级可持续发展实验区，是福建省目前唯一的设区市级实验区。多年来，全市围绕实验区规划建设目标，突出抓好可持续发展优先项目建设，有针对性地开展工作，有力地推动了全市经济、社会、环境等方面的全面发展。

一、建设背景与概况

南平市是福建的北大门，地处武夷山脉东南侧、闽江上游，俗称"闽北"，与浙江、江西交界，是福建辖区面积最大的设区市，国土面积 2.63 万 km²，下辖一区四市五县，即延平区、邵武市、武夷山市、建瓯市、建阳市、顺昌县、浦城县、光泽县、松溪县、政和县。户籍总人口 305 万人，常住人口 286 万人。

改革开放以来，全市国民经济取得较快发展，工农业生产稳步发展，旅游业蓬勃兴起，综合实力明显增强。但全市经济实力较弱，经济结构不合理，基础设施不够完善，人才少，科技和高等教育发展滞后。为了尽快改变这一局面，推进经济、社会与人口、资源、环境的协调发展，该市于 2002 年 9 月经申请获准建设省级可持续发展实验区。

在建设可持续发展实验区的实践中，南平市努力实现经济体制和增长方式的转变，全面提高经济素质和经济效益，呈现"总量高速增长，效益同步提高"的特点。全国首创的"科技特派员"制度，是对农村工作和科技扶贫工作的机制创新和有益探索，对于广大农村地区的可持续发展具有现实的指导意义。

二、实验区建设规划要点

南平市可持续发展实验区主要建设 8 大领域 36 个重点项目。

（一）重点发展领域

1. 农业与农村经济可持续发展

• 合理调整产业结构。围绕农业的可持续发展，调整农业发展的主导产业；调整种植业的内部结构；调整农产品的品种和品质结构。

• 适度推进山地综合开发。建立一批名优特经济林基地和山地经济作物基地，开展多种形式的综合经营。

• 加快农业产业化步伐。培育一批具有市场开拓能力的龙头企业，发展农村合作经济组织。

• 转变农业增长方式。改革农业技术推广工作体系，加强农民教育与培训，加快高新科技在农业中的应用。

• 加强农业基础设施建设。抓好水利设施建设，实现水资源可持续利用；抓好农田基本建设，提高农田产出水平。

• 加快发展生态农业。开展生态农业试点，因地制宜推广高效生态农业模式；规划应用先进适用农业生态技术；建设符合绿色食品标准的农产品生产基地。

• 引导乡镇企业合理发展。重点扶持能够充当产业化龙头企业的乡镇企业，强化乡镇企业合理布局与环境保护。

2. 工业可持续发展

• 优化工业结构。加快发展工业重点产业；建立合理的企业组织结构，提高工业集中度；实施名牌战略，优化产品结构。

• 调整工业布局。促进工业生产的地区集中；加强工业区域分工协作；合理调整城乡工业布局；淘汰落后工业生产能力。

- 转变工业增长方式。积极应用先进技术改造和提升传统产业，抓好主要产品的技术开发、引进、改造和创新工作，形成具有特色的主导产业；大力发展高新技术产业；加快企业技术改造。

- 推动清洁生产。加快推行无公害、低消耗的清洁生产工艺和产品。

- 发展环保事业。引进水、空气污染防治技术，开发废弃物处理和存放技术。

3. 旅游业可持续发展

- 加大自然保护区的开发保护和持续利用力度。

- 加快构筑大武夷旅游经济体系。突出武夷山龙头与核心作用，开发周边地区旅游产业，健全旅游业功能建设。

- 激活旅游经济细胞。加快组建旅游集团公司；加快旅游企业从传统产品经营向资本经营方向转变；推进旅游企业优化组合。

- 开发传统文化旅游。联合宣传、文化、建设、规划、旅游、宗教等部门，组织制定和实施开发文化旅游规划。

4. 基础设施可持续发展

- 交通可持续发展。合理发展各种交通运输方式；加强交通项目的建设管理；实施环境绿化与美化工程；减少交通对环境的不良影响。

- 可持续能源供应与消费。加快燃气化工程建设；重视发展有调节能力的水电；完善电网建设；开发新能源；加强农村能源综合建设；积极开展节能技术与政策宣传。

5. 可持续发展的人口与生活质量

- 控制人口增长，提高人口素质，优化人才结构。认真贯彻计划生育基本国策；加强城乡计划生育工作；提高人口素质；创造环境引进高素质人才。

- 完善社会保障制度。完善失业保险制度；深化养老保险制度改革；积极稳妥地推进医疗保障制度改革；建立以社区为主的社会化养老服务体系。
- 加快卫生保健体系建设。继续实施初级卫生保健；增加卫生投入，落实各项卫生事业发展的相关政策；全面推进爱国卫生运动，净化、优化和美化生活环境；加强妇幼卫生管理，规范母婴保健服务。
- 提高居民生活水平。切实提高城乡居民收入；建立和完善收入分配与调节机制；大力鼓励居民合理消费。
- 大力发展社会事业。加快发展体育、文化等社会事业；建设一批社会事业形象工程。

6. 推进城镇化水平和城乡建设可持续发展

- 建立合理的城市发展体系。抓好城市规划，提高城市设计水平；优化城市环境质量，实行旧区改造和新区开发并举。
- 加强城市基础设施建设。加快城市道路建设步伐；完善城市供水设施；加快城市生活垃圾、污水处理设施建设；改善文化基础设施；加强城市绿化美化工作。
- 提高城市管理水平。调整政府管理职能，建立科学的城市管理体系。

7. 资源可持续利用与环境保护

- 保护与可持续利用自然资源。加强土地资源规划管理；加强水资源调度和保护；发挥森林资源的综合功能；提高矿产资源的综合利用率。
- 整治环境，保护生态。综合治理工业"三废"；加快城市污水处理产业化进程；强化物种保护；防治水土流失。
- 防灾减灾。提高防灾减灾综合管理水平；加强自然灾害预测预报、防灾、抗灾、减灾方法和技术的研究与应用。

8. 可持续发展能力建设

• 市场机制和管理体制保障可持续发展。建立与可持续发展相适应的市场经济体制和运行机制；完善可持续发展的行政管理体系；加强经济、社会、资源和环境因素的综合决策。

• 依靠科学技术实现可持续发展。深化科技体制改革，促进科技与经济结合；推动企业技术创新；大力发展科技中介服务机构，推进技术交流与合作；加快高新技术产业开发区建设。

• 教育促进可持续发展。全面实施素质教育；提高教师队伍整体素质；大力发展成人教育、远程教育等多种教育形式；增加教育投入，改善办学条件。

• 信息化建设加快可持续发展。实施"数字福建·闽北工程"；加快信息化基础设施建设；加快政府系统信息化建设。

（二）优先建设项目

• 农业与农村可持续发展项目

主要建设项目有：南平市大横现代农业科技园区示范工程、出入境动物临时隔离检疫场项目、闽北20万亩乡土珍贵树种基地建设工程、有机茶生产示范基地、南平市农业化验检测中心、乳牛（乳品）产业化项目、肉鸡工厂化饲养及深加工项目、速生丰产工业原料林基地建设、中药材GAP研究及其标准化生产示范基地项目、鱼腥草中药产业化开发项目等。

• 工业可持续发展项目

主要建设项目有：多功能水刺非织造布项目、福建源光亚明电器股份有限公司高强度气体放电灯电子镇流器项目、大规模集成电路高密度陶瓷封装产业化项目、南孚电池有限公司引进碱性电池项目、利用牛粪生产加工生物有机肥项目等。

• 旅游业可持续发展项目

主要建设项目有：武夷山"双遗产"建设工程、茫荡山景区保护与开发、县市景区开发建设项目等。

- 基础设施项目

主要建设项目有：京福高速公路南平段工程项目、南平市水电项目（包括南平峡阳水电站、南平照口水电站、建瓯北津水电站、南平安丰水电站，梯级开发建瓯溪屯溪水电等）。

- 人口与生活质量项目

主要建设项目有：南平市第一医院综合病房大楼，南平市中医院门诊综合楼。

- 城镇建设可持续发展项目

主要建设项目有：南平污水处理厂南庄污水分厂管网配套工程，南平市城市生活无害化综合处理厂，五县（市）（邵武市、建瓯市、建阳市、浦城县、武夷山市）污水处理厂建设项目、九县（市）（邵武市、建瓯市、建阳市、武夷山市、顺昌县、浦城县、光泽县、松溪县、政和县）垃圾无害化处理厂项目。

- 资源与环境保护项目

主要建设项目有：生态公益林保护工程，闽江上游流域防洪减灾生态保护林体系建设、规模化畜禽养殖业污染治理工程，闽江上游富屯溪流域防洪工程，闽江上游拦蓄洪水库，闽江上游建溪流域防洪工程等。

- 科技与教育创新工程项目

主要建设项目有：闽北科技（虚拟）研究院、南平市技术创新体系、南平市科技特派员信息网络体系、闽北星火技术产业带等。

三、主要做法

针对经济实力较弱，结构不合理；人才拥有量少，科技和高等教育发展滞后；基础设施较为薄弱；环境治理及保护难度较大等主要问题，南平市在实验区建设过程中重点开展了以下工作：

（一）构建区域科技创新体系，推动科技进步

1. 发挥技术创新平台作用，提高企业科技水平

● 制造业信息化建设不断加强。深化省级制造业信息化工程示范市建设，推进工业化进程。加快南纸、长富、南孚等6家省级制造业信息化示范企业建设。以企业为主体的制造业信息化应用示范体系初步建立，重点企业的设计和制造水平、管理水平和生产模式明显改善，技术创新能力、市场竞争能力和适应能力得到迅速提高。

● 着力提高科技中介机构服务企业的能力。加快整合和搭建专业化的技术支持服务体系和公共技术服务平台，吸引高校、科研院所以及国内外高水平的研究和开发人才参与科技新产品研究开发与推广工作。南平科技信息网络资源得到有效利用，为100多家企业提供网站建设、网页制作、虚拟主机、域名注册等服务。

● 加快高新技术产业发展步伐。南孚电池有限公司自主研发，同时拥有四项专项技术的NR6型高功率镍干电池，结束了发达国家对高尖电池技术的垄断。德赛技术装备有限公司进入了华东地区五大"物流专用设备"制造商的行列。

● 加大科技投入，促进科技进步。市本级科技三项费用加大资金投入用于支持企业进行信息化关键技术攻关及先进技术应用示范，引导企业投入资金6 000余万元。

2. 科技特派员长效机制发挥作用，农民增收能力得到加强

围绕促进农民增收的根本目标和植根于农村、植根于农民的要求，切实做好服务"三农"工作。

● 抓选派，保质量。做好供需双方对接，找准农民科技需求与科技特派员技术专长、农村产业特色和科技力量优势的最佳

南平市首创的科技特派员制度，创新了农村工作机制。图为国务委员陈至立与南平市农科所科技人员及下派科技特派员亲切交谈。

结合点。

● 抓示范，树典型。在工作中重视培育典型，以点带面，点面结合，全面推动，促进科技特派员工作协调、有效开展。

● 抓创新，促发展。各地都加大了利益共同体的扶持力度，出台了一些有效的措施，保障利益共同体的健康运作，利益共同体项目总体规模扩大、档次不断提

升、合作关系更加深化。

● 抓督查，促落实。加强和改进了科技特派员队伍的管理制度，与分类选派相对应，建立了分类管理和分类指导制度。

● 抓保障，强支持。市委、市政府出台了《关于创新农村工作机制若干问题的通知》，对科技特派

建瓯市玉山镇付锡村果蔬交易市场，果农们正忙着分拣、装箱日本甜柿。

（林秀英　林木明摄）

员工作做出明确要求，继续深化创新工作方法和管理措施。由科学技术部、商务部、联合国开发计划署（UNDP）共同组织实施的"中国农村科技扶贫创新与长效机制探索"项目落点建阳市，目前正在组织实施。

3. 加强考核督查

五年来，南平市在全市范围开展创业竞赛活动，将与可持续

发展实验区建设密切相关的工作内容纳入创业竞赛考评方案，通过各县（市、区）和市直各单位的指标任务的完成，来推动可持续发展实验区规划目标任务的实现，收到了很好的成效。

（二）开展环保专项行动，扎实推进污染整治工作

1. 开展整治违法排污企业和清查放射源环保专项行动

● 加强组织领导。南平市政府成立了整治违法排污企业专项行动领导小组，领导小组下设办公室，挂靠市环保局。印发了《南平市整治违法排污企业保障群众健康环保专项行动实施方案》。

● 明确目标，确定重点。结合南平实际，把查处"15 小"回潮、整治规模畜禽养殖业污染、群众反映强烈、影响社会稳定的重点环境污染和生态破坏问题，以及严处污染源单位偷排、漏排污染物和擅自闲置、拆除污染治理设施行为作为专项行动的重点。

● 落实责任，强化监管。建立并落实挂牌督办工作责任制，挂牌督办企业基本上按整治方案要求完成了治理任务。工业污染反弹得到有效控制，环保设施运行率有了进一步提高。

2. 畜禽污染整治取得初步成效

● 强化督查。落实《南平市规模畜禽养殖业污染综合整治方案》工作任务，组织召开了全市性规模畜禽养殖业污染综合治理工作会议，向各县（市、区）政府、市直各有关单位下达了《规模畜禽养殖业污染综合治理目标责任书》，对畜禽养殖业污染综合整治进行督查。

● 分类指导。对新建、改建、扩建规模畜禽养殖场，严格执行环境影响评价和环保"三同时"制度。对超标排放的规模畜禽养殖场，下达限期整改通知书，最大限度地削减对水资源的污染负荷。

3. 工业污染防治不断深入

• 加快工业结构调整，治理结构性污染，坚决淘汰落后的生产能力、工艺和产品。结合"一控双达标"和实施新一轮产业发展战略，取缔、关停了一批不合格的小纸厂，对小电镀进行了整改，取缔无证生产地条钢的企业，淘汰小化肥厂，整治了一批工艺设备落后的企业。

• 大力推行清洁生产。加快传统产业的技术改造，积极推行清洁生产，推行和实施 ISO 14000 环境管理体系，从源头和工业生产全过程等各个环节，采取综合预防措施控制污染，最大限度地实现资源的综合利用，做到增产减污、节能降耗，初步形成了一条主业链、两条副业链循环经济的产业格局。

• 加大重点项目治理。闽江流域沿岸 38 家重点工业污染源，基本实现了达标排放。全市有 800 多家企业发放了排污许可证。全市二氧化硫、烟尘、工业粉尘、化学需氧量、工业固体废物、氨氮等 6 种主要污染物排放量全部控制在省下达的总量指标内。有 4 家企业通过了清洁生产审核，10 家企业通过 ISO 14000 环境管理体系认证。

4. 环境管理进一步加强

• 把好环保审批关。严格执行建设项目环境影响评价和"三同时"制度，加强建设项目"三同时"的跟踪管理，对国家禁止发展的项目、不符合产业政策、环保要求以及工艺落后和选址不合理的项目，坚决把严管住，有效地从源头上控制了污染源的产生。

• 加强现场检查。市环境监理部门对污染源单位环保设施实施定期或不定期的检查，对违规闲置和运转不正常的进行监管，责令改正或进行行政处罚，全市环保设施正常运转率达95%。

南平造纸股份有限公司是我国新闻纸龙头企业，该公司十分重视对废水污染的治理，引进国外先进的污水处理设备，并采用新的治污工艺，酶制剂的应用减轻了污水处理的负荷。图为正在运转的污水处理设备。

（三）突出难点，开展人口计生工作专项治理

1. 开展出生人口性别比升高问题的专项治理

组织开展全市"出生人口性别比升高问题综合治理情况"专项检查，召开了由相关部门和市区各大医院负责人参加的协调会，进一步统一思想，明确职责，确定了责任追究办法。通过典型案件的查处，有力推动了出生人口性别比升高问题专项综合治理工作。

2. 开展社会抚养费征收到位率低问题专项治理

市计生委与中级法院联合召开研讨会，专题探讨依法执行抗缴社会抚养费案件，明确各自职责，加强分工协作，各地随后出台了加强社会抚养费征收工作的文件，加大依法征收工作

力度。

3. 开展流动人口计划生育综合专项治理

组织开展流动人口计划生育大清查活动，进一步落实各项管理措施，着力建立和完善"属地管理、单位负责、居民自治、社区服务"的城区流动人口计生管理和服务工作机制，应用流动人口计划生育计算机信息交换平台，加强流出地与流入地的互动合作，在流出地总结推广"四个一"的管理服务措施。

（四）深化改革，进一步增强教育发展活力

1. 进一步落实"以县为主"的管理体制

贯彻落实国务院《关于基础改革与发展的决定》、《关于进一步加强农村教育工作的决定》精神，结合农村税费改革，深入调研，形成了确保农村教育事业持继健康发展的五项保障机制。

2. 稳步推进教育布局调整

在全面摸底调查的基础上，制订了南平市农村中小学布局调整方案，加大寄宿制学校建设力度。关闭和停止规模小、质量差、效益低的一些办学点，做到规模、结构、质量和效益协调发展。

3. 深化办学体制改革

认真贯彻《民办教育促进法》，制定《南平市人民政府关于进一步推进社会力量办学若干意见》，严格规范民办学校的办学行为，积极扶持现有民办学校，促其不断提高办学质量和水平。

4. 加快职业教育改革

进一步扩大中等职业学校办学自主权、允许学校自主调整招生专业和招生人数，积极推行双证书制度，组织中等职业学校学生参加职业技能鉴定，使学生在获得毕业证书的同时获得职业技能等级证书。

（五）培育资源，提升林业可持续发展能力

1. 资源培育三调整

● 调整林种结构。阔叶林和针阔混交林面积占造林总面积的 57.3%。

● 调整培育方向。大力发展杉木大径材，培育乡土珍贵树种和高产脂马尾松林。

● 调整投资主体。创新营造林经营机制，加快企业基地建设步伐，木竹加工企业共创办原料林基地 8.6 万亩。

2. 竹业开发三突出

● 突出竹山基础设施建设。全面开设竹山机耕道，重点建设高偏远的二、三重山机耕道。

● 突出竹林的可持续经营。转变只求产量的观念，全面推广竹阔混交林，注重改善竹林生态、调整林分结构、改良土壤，增强竹林的抗逆性，实现竹林的可持续经营。

● 突出培育笋竹加工。扶持笋竹加工规模企业发展。

（六）突出重点，促进卫生事业统筹发展

1. 加强公共卫生体系建设

● 建成疾病预防控制体系。完成市本级疾病预防控制中心大楼改建项目，所属其他县（市）也已完工。

● 全面完成农村公共医疗卫生建设项目。全市 20 个乡镇卫生院均完成年度投资计划。

● 医疗救治体系建设取得进展。市第一医院紧急救援中心、市妇幼保健院综合楼建设项目已完工，市中心血站建设也争取到上级支持，市医疗废物处置设施项目进入筹建阶段。

2. 提高突发公共卫生事件应急能力

增设突发公共卫生事件应急处理办公室，市疾病预防控制中心通过国家实验室认可，食品、水质、化妆品卫生、一次性用品卫生等领域的52个项目通过国家认可委员会专家现场评审，在组织领导和技术手段等方面提升了应对突发公共卫生事件的能力。

3. 加大重大疾病预防控制力度

加强计划免疫规范化门诊建设，开展禽流感和流感检测；加强艾滋病的防治，完成HIV国家级哨点监测任务。

4. 不断完善社区卫生服务管理

制定《南平市社区卫生管理若干意见》，对社区卫生服务机构实行规范管理；向社会公开社区卫生服务机构准入条件，对所有新设办的社区卫生机构公开竞争，择优准入，确保社区卫生服务健康发展。

（七）加强公用基础设施建设，美化城市发展环境

1. 公用基础设施建设进一步完善

实施夜景工程，新增和增强九峰山、江滨公园、水东桥和玉屏山公园夜景项目；完成三元公园、站前公园地面铺装1 253 m^3，绿化3 000 m^3，种植各类植物2.8万株；建成区园林绿化绿地面积607.7ha，绿地率30.2%；园林绿化覆盖面积1万亩，绿化覆盖率33%；完成城市污水管道改造工程，塔下污水处理厂投入运行，南庄污水处理厂开始试运行；市生活垃圾处理厂通过验收，投入生产。

2. 争创省级文明城市，加强市容环境卫生整治

- 成立机构，加强领导。
- 重点解决城乡结合部环境卫生及沿街店面垃圾乱倒、市区环境卫生死角等治理工作，抓好市区公园、绿地的环境卫生及绿化美化，努力提高市区环境卫生质量。

● 抓好环境卫生基础设施的配套和完善，完成安丰路、环城路、工业路的垃圾桶设置，并纳入环卫督察管理；调整市区主次干道果皮箱设置，为加强市民对垃圾的分类意识，在江滨路繁华地段，增设分类果皮箱 100 个。

● 定期清理延平湖公共水域漂浮物，对延平湖市区沿岸垃圾，做好督查清理。

3. 编制"十一五"城市建设专项规划

修订完成了《南平市"十一五"城市公交发展专项规划》、《南平市区"十一五"城市道路交通工程建设专项规划》、《南平市"十一五"区域与生态敏感区保护建设专项规划》、《南平市区及延平区西芹镇和夏道镇"十一五"垃圾处理专项规划》、《南平市城区燃气"十一五"专项规划》、《南平市供排水"十一五"规划》等，为城市今后的发展奠定良好基础。

（八）促进就业再就业，加快完善社会保障体系

1. 全面落实再就业优惠政策

重点突破小额贷款和税费减免政策，帮助困难人员实现再就业，促进下岗失业人员再就业；完善社会公共就业服务体系。按照"整合资源、完善体系、健全机制、优化服务"的方针，积极开展人本服务，提升就业服务水平。在劳动力市场开设专门窗口，免费提供职业介绍、政策咨询和技能方面的培训，提高农村劳动力的职业技能和就业竞争力。加大职业技能培训，强化职业技能鉴定，在用人单位、求职者中逐步形成以技能为依据、职业资格证书为凭证的社会共识。

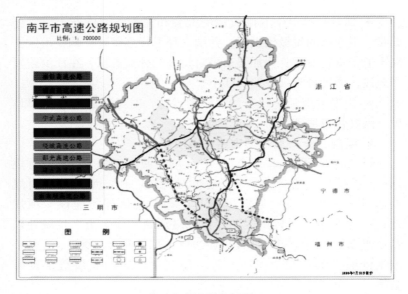

南平市高速公路规划图

为推进社会主义新农村建设,南平市科技系统建立了集信息服务、技术服务与培训服务为一体,功能齐全、特色鲜明的闽北农村科技信息网。图为通过远程视频科技培训系统,为基层农技人员和农民进行新技术、新成果和新知识培训。

经济适用房

2. 继续推进医疗保险制度改革

● 完善医保政策体系。出台《南平市医疗保险救助管理暂行规定》、《关于妥善解决建国前参加革命工作的退休老工人医疗待遇问题的通知》等文件，使全市医疗保障形式由基本医疗保险逐步扩大到企业补充医疗保险、商业补充医疗保险、国家公务员保险等多种形式，初步建立起多层次、多形式的医疗保障体系。

● 加强医保定点管理。出台《南平市建立医保与定点医疗机构沟通机制的办法》，把医保与定点医疗机构的联系纳入了制度化轨道。

3. 完善养老保险制度

● 推进企业养老保险步入社会化管理轨道，加大社区劳动保障制度建设，进一步规范企业退休人员社会化服务管理。

● 进一步完善机关事业单位养老保险政策，制定文件，扩大机关社保参保范围。

● 进一步规范农村养老保险政策，制定《南平市农村养老保险暂行办法〈试行〉》，加大农保基金的清欠力度。

四、主要成效

在可持续发展实验区建设中，南平市始终把发展作为第一要务，努力摆脱传统的发展模式，实现经济体制和增长方式的转变；加快经济规模化、集约化的步伐，加快培育和发展工业产业集群，使资本等资源向优势企业优势产品集聚，培育一批生产规模化、产品多元化、技术装备现代化、经营国际化的大型企业；通过制度创新、结构优化、规模扩张、科技进步、科学管理，全面提高经济素质和经济效益，保持长期稳定发展的势头和能力。

（一）综合实力增强

全市生产总值从 2000 年的 199.2 亿元增加到 2006 年的 395.2 亿元，年均增长 10.4%；财政总收入从 16.07 亿元增加到 31.3 亿元，年均增长 11.8%；累计固定资产投资 736 亿元，年均增长 27.5%；实际利用外资 17.2 亿美元，年均增长 13.4%；外贸出口 13.7 亿美元，年均增长 29.9%；社会消费品零售总额 150.9 亿元，年均增长 11.5%；旅游总收入实现翻番，达 24.9 亿元，接待人数 883.7 万人次，年均增长 16.2%。第一、第二、第三产业结构从 30.8：29.2：40 调整为 25.5：36.3：38.2，二产比重提高 7.1 个百分点。

（二）工业经济壮大

2006 年，全社会工业总产值 377.5 亿元，规模工业产值 318.9 亿元，分别比 2000 年增长 1.46 倍和 2 倍。七大工业产业初具集群雏形，产值占规模工业的 59.1%。一批优势企业实现扩张，规模企业从 403 家增加到 839 家，产值上亿元企业 51 家，增加 35 家。产业园区建设实现突破，拥有 7 个省级以上开发区，闽北产业集中区建设全面启动。2007 年，全市高新技术企业达 36 家，高新技术企业产值达 74.33 亿元，比上年增长 56%，占全市规模工业产值的 17.76%。

（三）农村发展加快

2006 年，全市农林牧渔业总产值 162.1 亿元，年均增长 5.9%。农业结构进一步优化。竹木、茶果、畜牧三大主导产业加快发展，建设林业"四大基地"177.1 万亩，建成全省最大的乳制品供应区、生猪重点调出区和华南重要的肉鸡生产基地，区域特色逐步显现。农业产业化、组织化程度进一步提高。规模农业龙头企业、农村中介组织分别达 494 家和 729 家，新增 318 家和 638 家，农副产品产销率从 28.6% 提高到 77.8%。农村基础设施进一步改善。"年千公里"农村公路改造工程完成 3 612km，是"九五"时期的 5.95 倍；所有乡镇和 77.2% 的行政村实现路面硬化，村通客车率从 59% 提高到 83%；新开竹山机耕路 9 270 km；建成乡村供水工程 878 处，改善了 72.56 万人的饮水条件；所有乡镇和 75% 的行政村实现广播电视联网，村村通电话；建设沼气池 2.39 万口。不断探索和深化"南平机制"，推进农村各项改革。聘用 1.46 万人建立农村"八大员"队伍，初步形成县、乡、村"三农"服务体系；基本完成集体林权制度改革；全面展开 20 个乡镇、60 个村的新农村建设试点。

（四）基础设施改善

高速公路从无到有，福银高速南平段建成通车，浦南高速可望今年完工，武邵高速已开工建设，宁武等 7 条高速公路前期工作进展加快；5 条入闽公路相继建成，国、省道等级提高。建成峡阳、照口、北津等一批水电站，新增装机容量 50 万千瓦，完成农村电网和大部分城区电网改造。富屯溪、建溪防洪一期工程基本完成，防灾减灾体系得到加强。中心城市加快扩张，江南新区、西区、大横绿色产业区同步开发，西城大桥、跨江大桥、朱熹路、成功路等关键项目加紧建设；城市垃圾、污水处理等市政设施相继投入运行，城建监管和房地产预警信息系统建成开通，城区第二饮用水源开工建设。中心城市荣获省卫生城市、园林城市称号。各县（市）城乡建设步伐加快，全市城镇化率 46%，比 2000 年提高 2.48 个百分点。

南平市江滨景色

（五）社会事业进步

各类教育统筹发展。学龄儿童入学率99.97%，初中阶段入学率98.2%，新建、改造中小学校舍80万 m^2；高中阶段教育规模扩大，新增普通高中5所，中等职业学校在校生达3.6万人，增长1倍；高等教育实现突破，武夷学院已被教育部批准正式设立，福建林业职业技术学院、闽北职业技术学院相继设立，目前高校在校生达1.13万人，增长近5倍。科技服务向生产第一线延伸。实施国家、省级科技项目499项，提高了实用技术推广的有效性。文化强市建设全面展开。成功举办中国首届朱子文化节、中国第五届竹文化节，新增3个国家级民间文化艺术之乡，14个项目被列入国家、省首批非物质文化遗产代表作名录。新建体育公园、报业大楼、群艺馆等一批文体基础设施。全民健身运动深入开展。南平、邵武少体校被列为国家奥运后备人才基地。公共医疗卫生体系逐步健全。市疾病控制中心通过国家实验室认定，市第一医院"三级乙等"达标，70%乡镇达到农村初级卫生保健标准，实现村村有卫生所的目标。人口与计生事业不断发展，连续6年实现省定指标，出生人口素质进一步提高。

（六）民生水平提高

2006年，城镇居民人均可支配收入11 242元，年均增长9.4%；农民人均纯收入4 422元，年均增长8.3%。着力构建覆盖城乡的社会保障和救助体系。企业养老保险、失业保险、医疗保险参保人员分别达22.62万人、22.5万人和32.58万人；城乡低保分别扩大到1.2万户2.78万人、4万户8.91万人，基本实现应保尽保；实施基本医疗保险救助、重点优抚对象医疗补助、农村部分计生家庭奖励扶助、贫困家庭高危孕产妇救助、免费婚检、特教学生"三免一补"等惠民政策。农村税费改革使

199 万农民受益。积极推进农村医疗、教育体制改革。开展新型农村合作医疗试点工作，4 个县（市）66.85 万群众参合；免除农村义务教育阶段杂费，29.5 万名学生受益，农村贫困学生"两免一补"惠及 1.44 万人。加强对老区、库区、贫困地区的扶持，"造福工程"搬迁 2.3 万人。建设国家级生态示范市，综合整治闽江流域水环境，顺利完成 22 个工业污染治理项目，开展 45 个沿江、沿路重点乡镇生活垃圾整治，禁建区规模养殖场治理率达 68.5%，森林覆盖率 74.7%，环境质量居全省前列。

第六章　武夷山市可持续发展实验区

武夷山市可持续发展实验区于 2001 年获得批准建设，作为一座新兴的旅游城市，武夷山在创建可持续发展实验区中，注重做好世界文化与自然遗产地的保护与永续利用工作，着力打造国际性旅游度假城市。经过几年努力，大幅度提升了武夷山旅游经济与社会发展的实力和水平，使武夷山这一著名的旅游胜地持续地焕发出崭新的活力。近年来，武夷山先后被评上"中国优秀旅游城市"、"中华十大名山"、"中国茶文化艺术之乡"、"全国 5A 级风景旅游区"、"全国首批文明风景区"，并在全国首批 11 个景区中位居第 2 位。

一、建设背景与概况

武夷山市位于福建省北部，是我国南方著名的粮区、林区、茶叶区。1989 年 8 月由崇安县改为武夷山市（县级），设 3 个街道、7 个乡（镇），总面积 2 798km^2。2005 年全市总人口数 22.37 万人。

全市水资源、矿产资源丰富。1989 年撤县建市以来，旅游经济取得了较快的发展，旅游服务体系基本形成，已初步形成了旅游经济可持续发展的新格局。但武夷山是在山区农林经济基础上发展起来的旅游城市，管理体制滞后，旅游产业面临激烈竞争，环境保护与开发利用矛盾突出，极大制约了当地的可持续发展。

武夷山市是一座新兴的旅游城市。改革开放以来，全市立足于实施"旅游兴市、环保立市、科教强市、开放富市"的发展战略，旅游经济和社会事业取得了长足的发展。1999 年 12 月，武夷山被联合国教科文组织世界遗产委员会批准列入《世界文化与自然遗产名录》。根据《保护世界文化和自然遗产公约》的要求，着力做好世界文化与自然遗产地的保护与永续利用工作，是武夷山市可持续发展的关键。

为贯彻实施"科教兴国"和"可持续发展"战略以及武夷山市建设"现代化生态型国际性旅游度假城市"的要求，需要努力寻找一条人口、经济、社会、环境和资源相互协调的可持续发展的道路，是武夷山市在发展进程中的客观需要和必然的战略选择。为此，2001 年，武夷山市从市情出发，制定了《武夷山市可持续发展实验区总体规划》。当年 12 月，省科技厅批准武夷山市建设省级可持续发展实验区。

二、实验区建设规划要点

重点建设 6 大领域和 4 大可持续发展示范工程。

（一）重点发展领域

1. 旅游业可持续发展

● 建设武夷山旅游精品。精品化武夷山风景名胜区；科学合理利用旅游资源；充分开发城村汉闽越王城文化旅游资源；开发完善与武夷岩茶"茶"文化系列精品；注意挖掘自然资源和人文资源；建设高质、便捷的交通网络；开发"大武夷"旅游资源网络。

● 做好宣传促销，开拓境内外客源。建立"大旅游网络"，拓宽客源渠道；加强宣传；丰富旅游文化的内涵；实施"名人战略"与目标市场差别营销策略；进一步塑造好旅游形象。

- 实现旅游产业新突破。推进旅游企业制度创新；鼓励多种经济成分共同发展；加强旅游人才开发；加强对旅游业的引导，推进依法治旅。
- 规范旅游市场秩序。深化创建"中国最佳旅游城市"工作；整顿旅游市场经营秩序；加强对假日旅游市场的联合执法检查和监管力度；提高旅游产业服务水平。

2. 农业可持续发展

- 调整优化农业产业结构。大力发展绿色、有机、生态农业，加快传统农业的现代化改造；加强农业优良品种、先进技术的引进和推广，努力提高农产品优质率。
- 加快林业发展。以生态公益林保育为主，林产加工为辅，加快速生丰产林、笋竹两用林、名优特经济果林基地建设。
- 加快发展生态畜牧、水产养殖业。重点推广节粮型食草畜禽，推广珍禽饲养；优化水产养殖结构，扩大淡水养殖规模。
- 培育和发展农村市场和农业社会化服务体系。建设农产品批发市场；建立农业社会化服务体系和统一、开放、竞争、有序的农村市场体系；积极探索开展农业项目保险。
- 发展特色农业、乡镇企业。

3. 工业可持续发展

- 发展生物工程产业。依靠科技进步，推进生物工程产业发展。
- 开发旅游产品加工业。积极开发地方特色的旅游产品。
- 发展农副产品加工业。创立一批具有较高知名度的农副产品加工系列品牌，形成若干个具有较强经济实力和市场竞争力的企业集团。
- 发展环保产业。实施"旅游景点的环境保护系统工程"，开发燃料添加剂，生产消除污染的高效、新型环保设备。
- 发展电子信息产业。通过合资，充分利用海外的资金、技术与品牌优势，优先发展电子设备。

4. 服务业可持续发展

- 建设国际性旅游度假城市。发展现代服务业，增强社会化和专业化服务配套功能，促进旅游各要素协调发展。

- 发展餐饮服务业。改进工艺，改善服务，培育精品，创造名牌。重点抓好食品卫生监督工作，形成经常化、制度化的监督体系。

- 开发商贸、娱乐业。改进商贸流通、交通运输、市政服务等传统服务业的管理观念和经营模式；开拓多元化的国内外市场，建立适应外向型经济要求的新机制；加快流通网络建设。

- 发展房地产业。做好四个结合，实行土地批租；逐步建立健全房地产开发经营体系和维修服务体系，发展房地产中介服务行业。

- 发展咨询、中介等现代服务业。建设一批基础性、综合性、商业性和公益性的信息资源库，形成较为完善的信息服务体系。

5. 全市整体环境保护和双遗产地的开发保护与可持续发展

- 加大环境保护力度。实施"一控双达标"再提高工程，推行清洁生产。加强农村环境保护，推进生态乡、村建设。加强环境监督与管理，严格执行环保法律法规。

- 加强生态建设。改造低丘红壤，实施25°以上山坡退耕还林还草；加快保护区和生态示范区建设；建设蓄水、引水工程。

- 合理使用和依法保护资源。严格执行发展规划，运用先进技术和设备，推行资源的深加工和综合利用，提高资源利用率；加强对自然保护区内植物物种基因的保护和开发利用。

6. 现代化人居环境建设和加速城镇化进程

- 加快城市基础设施建设，改善城市人居环境。重点建设城市道路及污水、垃圾处理工程，加快园林绿化，逐步形成环境优美、设施现代化的风景旅游城市，促进旅游经济的发展和人民生活质量的提高。

● 提高城镇化水平。加快发展小城镇，促进农村人口转移，拓展经济发展空间，优化城乡经济结构，促进经济社会协调发展。

（二）重点示范工程

1. 经济产业体系可持续发展示范工程

● 旅游农业产业化项目：包括省级生态农业试点县（市）建设项目、农业科技推广示范园区项目、武夷山自然博物园项目、绿色食品开发项目、奶业开发项目、波尔山羊养殖基地建设项目、隆昌白鹅供种基地建设项目、四季笋用竹基地建设项目、速生阔叶林—泡桐基地建设项目、武夷山原料烟基地建设项目等。

● 旅游工业项目：包括旅游工艺品集团化开发项目、旅游食品加工系列开发项目、建立武夷岩茶集团股份公司、超细灵芝精粉加工项目、毛竹综合利用项目、开发通讯设备项目等。

● 旅游业可持续发展项目：包括武夷山风景名胜区保护管理和开发利用项目、武夷山国际旅游度假区建设项目等。

2. 环境保护与资源利用可持续发展示范工程

● 主要建设项目有：保护与监测武夷山世界遗产地、保护与管理九曲溪上游的生态环境、建设和完善武夷山世界自然与文化遗产网站、建设武夷山大峡谷生态公园项目、闽越王城—城村民俗村旅游开发项目、文化资源的保护与开发利用项目、城市垃圾无害化处理场建设项目、城市污水处理厂建设项目等。

3. 社会发展体系可持续发展示范工程

● 重点基础设施建设示范工程：包括公路建设工程项目、铁客运通行工程、武夷山机场二期扩建工程项目、"数字武夷"工程项目、电力扩容工程项目、自来水改造工程项目、城区防洪堤工程建设项目、建设全省水利化县（市）项目等。

● 城镇建设示范工程：包括旧城改造工程、小城镇建设示范项目、城市公园建设项目、市区主干道路网澎处项目等。

- 社区服务与社会事业发展体系示范工程：包括创建文明社区及社区服务体系项目、创办武夷学院项目、发展特色教育项目、有线电视扩容项目、建设远程教育项目、人人享有卫生保健项目、完善计划生育服务项目、建设卫生监测中心项目、全民健身与竞技体育项目、武夷山世界文化遗产保护、展示与表演中心建设项目等。

- 消灭贫困与造福工程示范工程：包括加强脱贫基础设施建设；加快开发式扶贫。力争用3年时间全部实现脱贫任务，用5年时间基本完成造福工程200多户的搬迁任务。

- 社会保障体系示范工程：包括建设行业生产风险保险项目、残疾人保险体系建设项目。

4. 精神文明建设体系可持续发展示范工程

- 主要建设内容有：深入开展创建活动（创建文明城市、文明社区、文明风景区、文明村镇、文明行业）；实施"以德治国"方略等。

三、基本经验和模式

（一）实验区体制与机制创新

在实验区发展过程中，武夷山市十分重视实验区体制与机制的创新，着力把握可持续发展，其主要经验和模式为凸显三大主题。

1. 凸显发展主题

- 在定位上高要求。提出"打造实力武夷、魅力武夷、活力武夷、人民武夷，建设国际性旅游度假城市"的发展思路和目标定位。

● 在政策环境上更宽松。制定了《关于优化投资环境办实事的若干规定》、《关于进一步优化投资环境促进工业发展的实施意见》。贯彻落实《中华人民共和国行政许可法》，开展重大事项决策听证，提高行

武夷山市容

政决策的科学性和透明度，促进行政决策的民主化和科学化。制定《武夷山市关于影响机关工作效能行为责任追究暂行规定》。建立政府与人大、政协联系制度，发挥纪检监察机关在政府决策中的作用。建设工程全面实行经评审最低价中标法制度，落实经营性土地使用权和矿业权使用转让招标、拍卖、挂卖出让制度、政府采购制度、产权交易制度等，为进一步优化投资发展软环境，充分调动各方面积极因素，加快经济和社会发展步伐提供政策、体制上的保障。

2. 凸显绿色主题

● 突出绿化美化。实施世界遗产环保工程，实行封山育林，封滩育草，退茶还林。先后投资 400 余万元，重点对九曲溪两岸、居民拆迁安置点、主次入口、九曲溪漂流码头等重要地段进行绿化美化、彩化、香化，种植桂花树等阔叶风景树 30 余万株，新增绿地面积 50 余万 m^2。

● 突出生态保护。成立武夷山世界遗产保护局，加强对不可再生资源的保护。景区古建筑保护率达 100%，古树名木保护率达 100%，森林植被保护率达 98%，可绿化率达 100%，珍

稀、濒危动物等国家各类保护动物的保护率为100%。为最大限度减少人为破坏，将九曲上游的四新、程墩两个采育场收归景区管理，400多名伐木工人放下斧头、扛起锄头成为护林员，参与建设国家森林公园。

- 突出薪材改革。在世界遗产地主次核心区范围内推行薪材改革。严禁宾馆、酒店、企业使用薪材，引导农民使用油、气、电等新型清洁的生活能源替代薪材，确保景区青山常在，绿水长流。

3. 凸显和谐主题

做到三个同步：

- 景区发展与周边发展同步。积极发挥全国文明风景旅游区示范点和省级文明单位的辐射带动作用，与景区周边村民小组结成利益共同体。设立景区发展扶持专项资金，帮扶农村发展旅游经济，使村民走上旅游致富的道路。充分发挥景区旅游的龙头作用，带动周边村发展乡村旅游、民俗文化游和生态健康游。近几年，武夷山新增各种旅游景区、景点15处。积极稳妥推进世界遗产二期环保工程建设，努力调整各方面的利益。帮助镇、村建设公共基础设施；采取旅游接待人数超额奖励、购联票奖励、守诚信奖励的办法，共同经营景区。

- 旅游开发与文化建设同步。挖掘文化遗产资源，投资2 500万元，先后完成了武夷书院（朱熹园）、柳永纪念馆、武夷古代名人馆、博物馆、自然馆、闽越王城博物馆、武夷闽越书画苑等系列展馆的建设，进一步丰富了景区文化内涵。建立爱国主义教育基地，结合红色旅游开发，对游客进行爱国主义、革命传统和中华民族历史文化教育，武夷山风景名胜区已成为福建省首批爱国主义教育基地。大力弘扬传统文化，成功举办"中国武夷山世界遗产节"，多次举办"武夷山大红袍茶文化艺术节"，使文化旅游与生态旅游相得益彰。

- 社会稳定和旅游市场整顿规范同步。以建设"平安武夷"为重点，深入开展严打整治专项斗争，建立健全信访工作机制，妥善解决人民群众内部矛盾；进一步落实环保目标责任制，强化环保措施，巩固提高"一控双达标"成果；坚持不懈地深入推进旅游市场规范工作。全面实行电脑记分制管理，抽查导游人员规范上岗，抽查旅游团队服务质量，查处使用假证行为，有效规范了导游员的服务行为，使游客对导游的投诉率明显下降。

（二）加强实验区建设管理

五年来，武夷山市加强了对实验区的建设管理，着重抓好了五个方面工作。

1. 提请立法，依法加强资源保护与利用

武夷山列入世界双遗产名录后，武夷山市主动要求福建省人大制定《武夷山世界自然与文化遗产保护条例》，2005 年，省人大又出台了《武夷山风景名胜区管理条例》，通过法律形式依法保护武夷山世界文化与自然遗产地，从而使武夷山的全面协调可持续发展有法可依。2005 年 6 月，福建省人民政府第 34 次常务会议通过《福建省武夷山景区保护管理办法》，景区法治工作迈上新台阶。

2. 加强行业管理，不断增强旅游产业实力

- 旅游产业地位凸显，旅游接待总人数逐年增长。2007 年达 542.14 万人次；旅游总收入不断提高，2007 年达 23.27 亿元。以"全国十大文明风景旅游区第二名"为标志，跻身全国顶级旅游区行列。成为《福建省"十一五"旅游产业发展专项规划》中确立的带动全省旅游产业发展龙头，被列为福建省四大旅游中心城市之一。
- 开展以"百座城市亮武夷"和"浪漫武夷—风雅茶韵"系列为主体的"市场营销年"活动；成功举办上海国际茶文化

风光秀丽的武夷山景区

节闭幕式暨武夷山大红袍文化旅游节、中国武夷山旅游节、"七夕"文化风情节等在国内外具有影响力的节事活动；与厦门、杭州等地建立了联动协作营销机制；2007 年开行旅游专列 131 对。

● 以建设高端旅游服务设施为重点，完善旅游配套服务，完成高尔夫酒店等项目建设。

● 对台旅游合作取得突破，"武夷山—阿里山"两山合作正式签约；武夷山线纳入台胞赴闽旅游优选线路。

3. 建立生态创业园区，提升旅游经济质量

规划建设了武夷新区仙店创业园，建成区面积 2 000 多亩，总投资 8.6 亿元。至 2007 年，规模以上工业总产值完成 14.56 亿元，实现税收 0.97 万元，分别比增 50%、227.3%。工业经济开始出现了新亮点，可持续发展势头强劲。

4. 全面推进"南平机制"，强化"三农"工作

● 先后从机关中下派 30 多名支部书记到村任职，科技特派员 140 多名下村服务，建立了机关 159 个科局单位和企事业单位与 115 个村结对子帮扶的"双百联动"工作机制，使"三农"问题得到有效解决。

● 农业产业化步伐加快。形成了以茶、烟、竹为主导的产业格局。新增茶园面积 3 982 亩，总产值 1.9 亿元。烟叶种植面积 2.8 万亩，产值 4 601 万元。新增竹山面积 700 亩，竹业产值 4.14 亿元。规模以上农业产业化龙头企业发展到 33 家

5. 扎实推进社会、人口、资源、环境和谐发展

• 武夷高教园区初具规模，武夷学院建设顺利完成，并于 2007 年开始招收本科生；基础教育扎实推进，通过省教育督导评估；整合职业教育资源，建成武夷山职业技术学院；市青少年活动中心、一中 400m 标准田径场、二中综合楼建成并投入使用；加大农村教育投入，累计安排 341 万元用于免除农村义务教育阶段杂费；2005 年以来，每年安排 40 万元专款用于改善农村教师待遇，为农村寄宿生免费提供菜汤；19 个农村中小学危房改造项目基本完成，总投入 1 800 万元；投入 115 万元启动农村现代远程教育工程。

武夷学院

• 文化体育事业取得新发展，举办中国武夷山休闲游戏百万大奖赛、全国围棋邀请赛、中国竹文化节、全国老年人健身大赛等全国性文体活动；武夷岩茶（大红袍）传统制作技艺被列为首批国家级非物质文化遗产。

• 医疗卫生条件明显改善，新型农村合作医疗覆盖全市 16.56 万农业人口，2007 年农民参合率达 92.75%。建成市立医

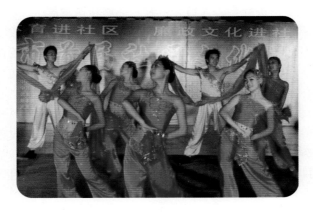

群众文化节

院传染科病房和闽北第一个疾病控制中心检测楼；实施武夷、洋庄等卫生院改造。全面落实计划生育责任制，2007 年人口自然增长率 6.41‰，出生人口政策符合率 93.07%。

- 创建"平安武夷"工作全面落实，社区防范体系建设取得新成效。

（三）加快科技支撑与示范项目建设

在实验区规划中确定的 41 项重点示范项目，目前仅奶业开发项目需要调整，省级生态农业试点县建设正在进行外，其余39 个项目都已建设完成，并投入使用。

- 自然博物园建设、旅游工艺品出口创汇项目、茶饮料系列开发、景区智能化管理、民俗文化旅游开发、度假区娱乐城、红袍度假村、高尔夫球场、武夷山大峡谷生态公园、城村民俗文化旅游等 10 个旅游项目相继建设并投入运行，极大地丰富了武夷山的旅游产品，提高了旅游接待容量，有效地提升了旅游质量和效益。

● 5 个环境保护与资源利用的可持续发展示范项目进展顺利，其中世界遗产保护与监测项目投入运行后，对景区、保护区吸引游客的作用明显提高。

● 5 个社会发展体系可持续发展示范项目中，交通战略公路竣工以及机场二期工程的建设，使武夷山的交通融进了国家的大运输网，为旅游业的快速发展提供便捷的途径。东溪二

示范城镇大力推广新能源

级电站扩容竣工并投入使用，使武夷山的电力供应充裕，对宾馆、酒店业的发展提供了有效的保障。

● 武夷镇小城镇建设示范项目成效显著。2002 年，省科技厅安排了"武夷镇小城镇建设示范"项目，通过三年的实施，先后投入 566 万元，完成了 13 个社区信息化管理和生态小区建设示范项目。

四、主要成效

从 2001 年 12 月获批建设省级可持续发展实验区以来，武夷山市经济呈现出快速发展的态势，社会事业取得显著进步。

（一）综合实力持续增强

经济社会持续、健康、协调发展。2007 年，全市主要经济指标保持增长势头：地区生产总值达 41 亿元，同比增长 16%；人均国内生产总值 1.81 万元，同比增长 18.3%；财政总收入 3.7 亿元，其中地方级财政收入 1.63 亿元，同比增长 68.54%；全社会固定资产投资 51.4 亿元，同比增长 40%；社会消费品零售总额 15.47 亿元，同比增长 13%；外贸出口 2 789 万美元，同比增长 20%；城镇居民人均可支配收入 12 780 元，同比增长 20%；农民人均纯收入 5 632 元，同比增长 14%。

（二）区域影响力不断提升

五年来，荣获全国 5A 级风景旅游区、中华十大名山、中国茶文化艺术之乡、全国三绿工程茶业示范县等称号；"2001～2002"、"2003～2004"、"2005～2006"三次连续通过国家科技进步考核。城乡面貌同步改观：完成社区设置工作，开展省级园林城市创建，完成路灯工程、武夷大道绿化、火车站站前广场、中华路、和平北路等城市建设工程。完成过境公路、污水处理厂、垃圾无害化处理场等项目建设。

（三）发展活力与日俱增

国企改革基本完成，成功实现航站、电力公司等企业的合作重组。深化机关事业单位改革和人事制度改革，积极推进政府行政审批制度改革，加快"数字武夷"建设，投入 1 000 多万元完成一期、二期工程，建成覆盖全市各乡镇的视频会议系统，获"全国电子政务调查综合奖第一名"、"中国政府特色网站"等荣誉，成为"数字福建"建设示范点。机制创新有效推进：健全城市管理机制，推进专家评审委员会规划方案决策机制；成立城投公司、土地收购储备中心，组建城市综合执法局。深化南平机制，共下派科技特派员、村助理、村支书、各类乡（镇）长助理共 1 000 多人次，为农村的发展注入新的活力。

（四）人民生活明显改善

"科教强市"富有成效，建设高教园区，打造现代高等教育平台，境内首次拥有了全日制高等院校。文体卫生事业加快发展，社区文化、乡村文化进一步活跃；建立健全农村突发公共卫生事件应急机制，巩固和加强农村三级医疗卫生服务网络。实施农村计划生育家庭奖励扶助政策，连续 7 年完成人口计划生育责任目标。坚持"发展为民"，先后实施中医院、食品放心工程、造福工程、生态富民工程等为民办实事项目。"双拥"共建活动不断深入，荣获省级双拥模范城市称号。平安环境更加稳固：强化稳定工作机制，建立健全矛盾纠纷排查调处、疑难信访挂牌督办等机制，有效化解社会矛盾，全市 50% 的乡镇街道达到了南平"平安乡（镇）街道"要求。2003 年，武夷山市第四次被省委、省政府授予创建文明城市工作先进市称号。

第七章　新罗区可持续发展实验区

2004 年，龙岩市新罗区开始创建省级可持续发展实验区。在创建实验区工作中，注意从区情实际、从区位功能特点出发，坚持"以城带乡、以工促农、城乡一体"的思路，统筹城乡规划建设、产业布局和社会发展，加快形成城乡互动协调发展的良好态势。坚持发展与保护并重、开发与节约并举，大力发展循环经济、生态经济，走出一条城乡统筹发展、经济与生态协调发展的新路。

一、建设背景与概况

龙岩市新罗区位于福建省西南部、九龙江上游，是龙岩市"一市一区"中心城市所在地，闽粤赣边联结沿海、拓展腹地的重要枢纽，也是闽西政治、经济、文化和交通中心。1984 年被列入全国 22 个对外开放县（市），1992 年被国务院批准为沿海经济开放区，1997 年撤市设区，现辖 15 个乡镇、4 个街道，面积 2 677km^2，总人口 50 万，其中城区人口 30 万。新罗区是老区，是第二次国内革命战争时期中央苏区的重要组成部分，原 26 个中央苏区县之一；是林区，全区现有林地 335 万亩，林木蓄积量 1 293 万 m^3，森林覆盖率位居全国前列，达 78%，森林植被保护完好；是矿区，已探明的矿藏有 60 多种，其中高岭土、煤、铁、石灰石储量和品位均居全省第一，马坑铁矿为华东第一大矿，东宫下高岭土矿为全国四大高岭土矿之一；是侨区，现有港澳台同胞和海外侨胞 16 万人，海外乡亲遍布世界 40 多个国家和地区；是新兴的工业区，初步形成以机械制造为龙头，建材、农副产品加工为两大支柱，煤炭、电力、纺织服装、医药化工、矿冶为五大潜力（简称"125"）的产业格局；是新兴的旅游区，区内旅游资源丰富，其中影响较大的有被誉为"华东第一洞"的国家4A级景区龙胜洞、全国第四大佛教圣地天宫山、龙岩国家森林公园、梅花山自然保护区、后田暴动旧址等旅游景点。

改革开放以来，全区第一产业稳步发展，第二产业活力增强，第三产业快速增长，人民生活水平显著提高，环境生态工作得到有效改善。但新罗区与沿海发达地区的差距较大，科技创新能力不强，以矿产资源开发利用为主的工业和以畜禽养殖业为特色的农业对环境造成的压力较大，工业结构调整任务艰巨，产业竞争能力和经济综合实力亟待提高。有鉴于此，新罗区决定申请创建可持续发展实验区，并于2004年12月获省科技厅批准建设省级可持续发展实验区。

二、实验区建设规划要点

新罗区可持续发展实验区重点建设6大领域、5大类优先发展项目和科技示范工程项目。

（一）重点发展领域

1. 经济可持续发展领域

● 农业和农村可持续发展

调整农业结构，突出发展四大产业。调整大田作物结构，调高畜牧业，调特水产业，调强林业。

集中力量，抓好六大园区建设。重点建设：城郊现代农业示范园区、设施农业示范园区、果牧沼生态农业示范园区、对台农业合作示范区、观光休闲农业示范区和绿色食品生产示范园区。

引导企业转型升级，提高乡镇企业素质。加大企业改组改造力度；建立乡镇企业发展基金、科技发展基金；扶持发展高新技术产业。

坚持实施开发式扶贫，努力缩小贫富差距。引导农村富余劳动力向第二、第三产业转移，实现农民收入稳定增长；发动全社会参与扶贫开发；采取特殊政策，增加贫困乡村农民收入。

坚持党在农村的基本政策，深化农村改革。落实各项党在农村的政策；规范土地的使用；推进农村税费改革，减轻农民负担；加大农村服务体系的改革与完善。

- **工业可持续发展领域**

着力发展支柱产业，实现产业升级。重点推动建材工业、机械工业、化工工业、食品工业等产业的升级。

优化企业组织结构。推进强强联合，加速资产重组，壮大优势企业（集团）和名牌拳头产品；加快企业制度和技术开发的创新。

- **第三产业可持续发展**

建立大市场，完善市场体系。完善农村市场，发展零售商业，扶持出口龙头企业，建立外贸促进机制。

发挥资源优势，大力发展旅游业。加快旅游管理体制的改革，加强旅游资源合理开发和设施建设。

适应经济发展，加快发展服务业。加快发展信息咨询等新兴行业，大力发展城乡家政等服务行业，不断满足城乡居民日益增长的消费需要。

发挥区位优势，稳步发展房地产业。鼓励建筑企业参与旧城改造和城市新区开发，带动房地产业的发展；做好房地产的综合开发、联片开发；提高住宅质量。

2. 城镇可持续发展领域

- 调整优化区域布局。按照"一区两片"的区域定位进行功能布局，即发展一个城市中心区和西南、东方两个片。

● 加强小城镇建设，提高城镇化水平。实施小城镇发展战略，推进城镇化进程，重点推进 4 个乡镇的城镇建设。

● 加快东方片发展，实现东方片及山区乡镇的崛起。改善生产生活条件，加快水利资源开发，积极调整产业结构，大力发展生态农业和农产品加工业，加强对工业重点行业的改造，开发旅游经济，加快社会事业发展，提高生活质量。

3. 社会可持续发展领域

● 科技与教育可持续发展。强化科技创新和普及，建立科技新体制，促进科技与经济的紧密结合；依靠科技，促进产业优化升级；加强科技宣传和科普工作。深化教育管理体制改革，强化幼儿教育，巩固和提高"两基"教育，积极发展高中阶段教育。

● 文体卫生事业建设。加强医疗卫生设施建设，健全医疗卫生体系；加强卫技人员培训；加大农村改水力度；加强对艾滋病等疾病的防治；加强妇幼卫生工作。大力发展文化体育事业。建设区域特色的文化事业，丰富城乡居民的文化生活；加强文化基础设施建设；深化文化体制改革；加强文化市场管理，逐步建立健康有序的文化市场。

● 建设社会保障体系。加快社会保障制度改革，加大社会保障的覆盖面，逐步建立健全社会保障体系。建立和完善城镇职工基本养老保险制度；发展多形式的农村养老保险。

● 加快区域信息化建设。完善局域网建设，实施农村电视光缆联网工程，扩大农村通信容量和能力。

4. 促进资源与环境生态可持续发展

● 资源合理开发和利用。建立健全管理体系，规范资源利用和保护，实行土地开发与节约并举，提倡节约用水，加强矿产资源开发规划，提高资源综合利用水平。

- 开发洁净能源。调整优化能源结构，合理利用水力、煤炭等资源，大力发展农村沼气的综合利用，开发地热资源。

- 防治污染，保护生态。改善城区环境质量，强化生态保护和建设。加强农村村镇环境治理，改善村容村貌。

- 自然风景区开发和保护。实施天然林保护工程，做好九龙江上游环境综合治理，加强水土保持治理，开发自然保护区和风景名胜区。

- 建设防震减灾体系。加强蓄水、引水、节水等工程建设和管理，提高防震减灾能力，实现全区动物无疫病区，扩建病虫害测报网络体系，提高动植物抗病防疫能力。

5. 人口可持续发展领域

- 提高人口素质。抓好优生优育，全面推进素质教育，建设职业教育和成人教育网络，加快发展高中与高等教育，加强可持续发展的伦理道德教育与宣传。

- 控制人口增长。依法管理，加强城乡计生管理与服务，加强流动人口的管理。

- 开发人力资源。加快建立劳动力市场机制和社会保障制度；加快发展农村第二、第三产业，促进农村剩余劳动力转移；做好再就业工程；大力引进人才，调整人才结构。

- 做好老龄人口工作。建立社会化养老服务方式；建立完善的社会求助制度和医疗保障制度；逐步完善社会敬老系统。

6. 精神文明和法制建设领域

- 精神文明建设。加强社会公德、职业道德、家庭美德教育，表彰先进，创建文明城区、文明村镇等活动，加强国防动员教育。

- 民主与法制建设。完善民主决策机制，实行民主决策、民主管理和民主监督，发挥群众团体民主参与和民主监督作用，开展社会主义法制教育，加大行政执法制度改革力度。

（二）优先建设项目

1. 农业与农村可持续发展项目

●　主要建设项目有：高产优质无公害蔬菜生产基地建设项目、绿色花生产业化项目、有机茶叶产业化工程、绿色果蔬服务中心建设工程、生态林业产业化工程项目、九龙江北溪生态林建设工程、桉树短周期工业原料基地建设项目、竹业产业化工程项目等。

2. 畜牧业产业化建设项目

●　主要建设项目有：西陂畜牧业现代农业示范工程、优良猪品种引进示范工程、森宝（龙岩）实业有限公司健康肉鸡工程、名特山麻鸭良种扩繁工程、建设绿色食品安全肉配送中心、建设新罗区动物防疫检疫中心、无公害瘦肉猪冰切肉加工项目等。

3. 工业可持续发展项目

●　主要建设项目有：发展绿色环保燃料、工业用脉冲多极型电除尘器项目、开发基因工程—寡核苷酸和多肽生物芯片生产线、发展粉末冶金及硬质合金工具、开发小池得绿软包装鲜牛奶生产线、免蒸复合发泡砌块生产线项目、镜铁矿深加工项目、龙岩市白沙水库电站建设项目、小水电代燃料电站建设项目（建设中甲区、梅花山、岩山乡水电站）等。

4. 社会事业发展项目

●　主要建设项目有：龙岩图书馆工程项目、大众影剧中心项目、建立城市社区文化活动中心、浮蔡温泉娱乐山庄二期工程、龙岩国家森林公园江山景区项目、建立龙岩瑞华老年活动中心、建设人民医院综合大楼等。

5. 资源与环境保护项目

• 主要建设项目有：九龙江流域养殖业废水污染治理工程、九龙江流域乡镇垃圾污染治理示范工程、九龙江北溪一期防洪堤工程、九龙江北溪龙津河流域水土流失综合治理工程、龙岩污水处理厂二期扩建工程项目、龙岩中心城市大气污染综合整治建设项目、年产20万吨生物有机肥生产线项目等。

三、主要做法与成效

2004年11月，经省实验区协调领导小组审定，龙岩市新罗区列入省级可持续发展实验区建设。几年来，新罗区坚持从实际出发，认真贯彻落实《21世纪议程》，按照实验区建设规划的要求，努力克服区域可持续发展的制约因素，认真组织实施可持续发展建设规划。经过努力，全区综合经济实力显著增强，城乡建设统筹发展，科教文卫体等各项社会事业全面进步，人民生活总体上达到小康水平，可持续发展能力明显增强。

（一）主要成效

1. 发展速度加快

全区生产总值由2002年的53.1亿元增加到2007年108.5亿元，年均递增14.2%，其中第一产业年均递增4.9%，第二产业年均递增16.7%，第三产业年均递增14.9%。财政总收入由2002年4.1亿元增加到2007年的11.7亿元，年均递增23.3%，其中地方财政收入由2.8亿元增加到6.5亿元，年均递增18.3%。主要经济指标增幅高于全国、全省、全市平均水平，在龙岩市对区经济目标考核中连续六年获一等奖，综合经济实力、地方财政收入六年均保持全市第一。

2. 发展质量提升

● 经济结构持续优化。三种产业比重由 2002 年的 17.5∶41.7∶40.7 调整为 2007 年的 13.6∶44.8∶41.6。

● 农业产业化水平持续提升。全区农业总产值从 2002 年的 15 亿元增加到 2007 年的 31.5 亿元，年均递增 6.9%；畜禽、果蔬、竹木、花生和茶叶五大产业进一步发展壮大，占农业总产值的 87%，初步形成了具有区域特色的农业产业化体系。全区现有市级以上农业产业化龙头企业 22 家，其中，森宝集团是全市唯一一家国家级农业产业化龙头企业。

● 工业主导型经济格局持续显现。工业总产值由 2002 年的 64.2 亿元增加到 2007 年的 145 亿元，年均递增 17.7%；其中规模以上工业由 106 家增加到 308 家，产值由 28.5 亿元增加到 125.1 亿元，年均递增 34.4%；规模工业企业数、总产值约占全市的 1/3；产值超亿元的企业由 5 家增加到 33 家，其中有 15 家企业进入"全省民营经济 300 强"，2005 年龙工集团在香港上市；2006 年卓越新能源在英国伦敦上市。主导产业支撑能力持续增强，2007 年全区"125"产业规模企业数、产值分别占全区规模企业的 97.1% 和 98.3%，成为拉动全区经济增长的主导力量，其中非资源型工业产值比重突破 60%。

● 企业自主创新能力持续增强。全区共有国家级高新技术企业 2 家，省级高新技术企业 13 家，省级技术中心 2 家，市级技术中心 13 家；2007 年，高新企业产值占规模工业企业产值 1/5 强。

● 循环经济持续发展。龙麟、卓越、森宝等 3 家企业列入全省第一批循环经济示范企业；将火电、水泥、化工三个产业融为一体、循环利用的紫金恒发循环经济园动工建设。

● 品牌经济初步显现。全区有 1 家企业产品荣获"中国名牌产品"，2 家企业产品获"中国驰名商标"，4 家企业产品获

天泉药业生产车间和平面规划图

"国家免检产品",34 家企业产品荣获"福建省名牌产品"或"福建省著名商标",20 家企业获得市知名商标,品牌企业产值占规模工业产值1/3 强。

● 以商贸业为龙头的第三产业持续发展。闽西粮油饲料城、莲东经济适用房等一批精品小区及商业网点相继建成,形成了传统三产和新兴三产齐头并进、生产性服务和消费性服务相互配套的新格局,区、乡两级形成了58 个专业市场、17 条商业街和30 处集贸市场的市场体系。

首届乡村旅游节

3. 发展空间拓展

● 载体建设扎实推进。龙州工业园区规模、档次不断提升，2006 年 3 月被确认为省级工业园区。入园企业由 2003 年的 13 家增加到 2007 年的 200 家，投产企业由 4 家增加到 81 家，其中，国家级高新技术企业 2 家，省级高新技术企业 8 家，省专利工作试点企业 3 家，市级以上企业技术中心 9 家。2007 年，园区完成产值 42.5 亿元，成为经济发展的一个重要平台。

● 投资领域不断拓宽。建立了涵盖 15 大门类 200 多个品种的特色工业生产体系，有各类工矿企业 4 000 多家，其中工程机械、运输机械、环保机械等制造业企业达 2 500 多家。

● 对外交往不断拓展。相继出台了进一步促进投资与企业发展的若干意见、外贸出口奖励等优惠政策，6 年来，共批准外资企业 45 家，累计实际利用外资 1.72 亿美元，实现外贸出口 2.1 亿美元，出口市场拓展到日本、东南亚、欧美、俄罗斯、伊朗、南非等地。

4. 发展环境优化

● 外部交通条件进一步改善。相继开通了龙厦高速公路、龙长高速公路、龙深铁路、龙赣铁路等交通干线，龙岩与北京、上海、广州始发终至快速旅客列车

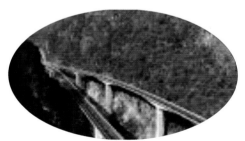

区内高速公路

顺利开行，龙厦城际快速铁路全线动工，将于 2009 年竣工通车，初步成为海峡西岸经济区南接珠三角、西联内陆腹地的重要交通枢纽。

● 能源保障能力进一步增强。装机容量 120 万千瓦的坑口火电一期、装机容量 7 万千瓦的白沙水电站相继建成并网发电，

坑口二期等一批在建的火电、水电项目加快推进，建成后区内总装机容量可增至200万千瓦以上；卓越生物柴油等生物质能源得到有效利用。

● 城市新区建设进一步拓展。从2003～2007年，基本完成100个城建项目（10个住宅小区、20条主次干道、30幢中高层建筑、40项基础实施）建设，中心城市建成区由2002年的26.8km² 扩展到2007年的33.3km²，城市道路面积由215.6万m² 增加到338万m²。

住宅小区一角

● 新农村建设进一步推进。全区列入省交通厅农村路网项目库建设的行政村道路全部实现硬化，基本完成革命基点村"五通"工程，86个村开展新村建设、旧村改造，有12个农民新村被列入省级农民示范住宅小区，其中培斜等4个村（居）荣获"中国特色村（居）"称号。大力实施"农村家园清洁行动"，9个乡镇57个村通过省级验收，建成4个乡镇垃圾中转站和6个乡镇垃圾填埋场以及20个村级简易填埋场。深入开展"创绿色家园、建富裕新村"行动，2007年荣获"全国绿色小康县"称号。

● 生态环境进一步改善。启动淘汰落后水泥产能计划，2007年，共关闭29家水泥企业的42条机立窑生产线、3台粉磨机，淘汰落后水泥产能492万吨；推进煤炭、电力、化工、矿冶等行业及25家耗能大户的节能降耗工作。2007年，规模以上工业增加值能耗为 4.69 吨标准煤/万元。比上年同期下降 0.48 吨标准煤/万元。通过整治，空气污染指数逐年下降，城区的大气环境质量总体稳定在二级水平。加大养猪业废水污物治理，2002 年以来，共投入整治搬迁资金 7 000 多万元，搬迁、关闭 1 700 多户养殖场，全面完成中心城市建成区及城市水源点养猪场搬迁；全区 96% 养殖户已建设沼气池近 30 万 m³，生态池 38 万 m³，并配套种植了 5 000 多亩狼尾草、15 万亩果园和茶园，还建设了 9 家年可消纳 70 万头生猪粪便的有机肥厂。

- 政府职能进一步转变。完成了部门内部相对集中行政审批职能改革和行政许可单位清理工作，进一步简化审批环节，开展一审一核和网络审批，行政效率明显提高，政府绩效考评连续三年名列全市第一，被评为"2007 年中国民营经济最佳投资县（区）"。

5. 发展领域协调
- 连续 10 年保持"全国科技进步考核先进区"称号。
- 积极创建"教育强区"。龙岩图书馆、城市社区文化活动中心、龙岩学院相继建成并投入使用；持续开展达标示范校（园）创建活动，创建省级初中示范校 2 所、省级示范小学 3 所、省优质幼儿园 2 所；成立区职业教育中心，在全市率先通过省"双高普九"评估验收。
- 文化遗产保护工作取得新突破。适中镇典常楼被列入国家文物保护单位，龙岩采茶灯、龙岩山歌等 4 项列入省级非物质文化遗产保护项目，龙岩洞等 3 处列入省级文物保护单位。
- 竞技体育成绩显著。新罗籍运动员石智勇在雅典奥运会上一举夺金，福建省第 13 届运动会总分排名位列全省县（市、区）第二名。
- 人口与计划生育工作不断加强。各项主要指标均处在全

新罗区科学普及研讨会

龙岩学院圆楼内景

省前列，连续五年保持全国、全省计划生育优质服务先进区水平。

● 连续六届获省级"创建文明城区先进区"。继续保持"省级卫生城市"荣誉称号。连续三届获"全国民政工作先进区"称号。2007年，区档案馆晋升为省一级达标档案馆。

6. 发展成果惠民

● 城镇居民人均可支配收入由 2002 年的 8 999 元增加到 2007 年的 14 890 元，年均递增 10.6%；农民人均纯收入由 2002 年的 4 295 元增加到 2007 年的 7 065 元，年均递增 10.4%，收入水平在全市保持领先。

龙岩市体育馆

● 2006 年以来，全面实施农村贫困家庭学生"两免一补"和农村义务教育阶段免除学杂费政策，共惠及 13.85 万人次，减免费用达 1 390 万元。2007 年，成立新罗区慈善总会，认捐善款近 5 000 万元，发放扶助资金近 200 万元。

龙岩市图书馆

● 社会保障体系进一步健全，建立城乡低保自然增长机制，共有 57.06 万人次困难群众享受低保，发放低保金 2 546.87 万元，基本实现应保尽保。在全市率先制定并实施了农村困难家庭医疗救助、农村基本养老保险、农村住房统保、农村自然人自然灾害公众责任保险、新型农村合作医疗超大病保险、免费婚检、城镇在职职工医疗互助等惠民政策，农村合作医疗保障机制稳步推进，2007 年，新型农村合作医疗行政村覆盖率达 100%，参合率达 91.5%。

● 积极的就业政策成效开始显现。6 年来，城镇新增就业人数 1.86 万人，其中下岗失业人员再就业 1.18 万人次，城镇登记失业率控制在 4.03% 以内。

- 老龄事业有效推进。实行 60 周岁以上老年人优待政策，推行城市规划区内 70 周岁以上老年人免费乘坐公交车，提高了革命"五老"人员定期生活补助标准并给予医疗补助，提高了村（居）干部工资待遇和任职十年以上的离职村主要干部的待遇。

（二）建区体会

总结新罗区实验区建设的体会，主要体现在"四个坚持"：

1. 坚持政府主导，形成实验区建设工作合力

- 领导班子合力。建立了"区委领导，政府负责，齐抓共管"的领导机制，将实现经济社会可持续发展纳入区委、区政府决策体系，纳入"十五"计划和"十一五"规划各个领域，进行统筹安排、同步规划。区各套班子都把创建实验区工作纳入重要议事日程，加强调查研究，多次召开党政联席会议进行专题研究部署，解决可持续发展的一系列问题。

- 上下联动合力。各有关部门按照"条块结合，以块为主，层层负责，各司其责"的管理原则，明确专人负责，并作为该部门年度主要工作任务之一，定期督查、严格考核、严明奖惩，形成可持续发展实验区建设工作合力，确保了各项目标任务按时保质保量完成。

- 市区一体合力。市、区两级政府、部门进一步理顺了工作机制，建立健全了协调机制，加强了沟通联系，明确了职责分工，共同促进了可持续发展实验区的顺利实施。

2. 坚持科学发展，促进实验区建设持续推进

强化自主创新在转变经济发展方式中的重要支撑作用，坚持发展与保护并重、开发与节约并举，把节约放在首位，大力发展生态经济、循环经济。

- 搭建自主创新平台。以"6·18"中国海峡项目成果交易会为平台，鼓励企业与高等院校、科研院所的项目技术对接，用清洁生产技术改造能耗高、污染重的传统产业，鼓励发展节能、降耗、减污的高新技术产业，在全社会倡导节约消费，建立节约型社会。

- 积极发展生态农业。规划建设 15 个生态农业示范片区，扎实抓好生态公益林、江河流域生态林的保护建设，保护面积达 606.5 km²；开展农村面源污染和畜禽养殖污染治理，全区 80% 规模养猪场"上山养殖"，采取"猪—沼—果（菜、草）"等生态养殖模式，推进了九龙江流域规模化养猪场治理达标或搬迁关闭工作。

- 大力发展循环经济。扶持新型建材、新能源、煤矸石发电、生物有机肥、绿色能源工程等大量消纳和利用工业废渣及农业废弃物的企业发展，实现减量化、再利用、再循环。

3. 坚持城乡统筹，推动实验区建设和谐发展

坚持"以城带乡、以工促农、城乡一体"的思路，统筹城乡规划建设、产业布局和社会发展，形成互动协调发展的良好态势。

- 大力发展城镇经济。树立"经营城镇"理念，因地制宜发展特色产业，重点抓好适中等中心城镇及沿旅游环线集镇建设，辐射带动周边乡镇的发展，促进乡镇企业、个私企业向小城镇合理聚集，增强小城镇吸纳农村人口、带动经济发展的能力，促进农村第二、第三产业的繁荣，培植发展了竹凉席加工、咸酥花生加工等 62 个特色专业村，初步形成了"一村一品"各具规模特色的发展格局。

- 做大做强城市经济。围绕旧城改造和新区拓展，积极参与中心城市"商务、物流商贸、人居"三大板块建设，改造提升了连锁经营、物流配送、中介咨询等现代服务业，引进了米兰春天、新华都等国内知名的大型商贸企业，推进了闽西粮油饲料城等重点市场和各类专业市场建设，在国道、省道和市区新建主干道沿线逐步形成了新的商贸经济网带；鼓励和引导金融、担保、会计、中介、法律和便民服务业拓宽服务领域，中心城市社区服务业快速发展。

新罗城区夜景

4. 坚持以人为本，构筑实验区建设人才保障

● 编制人才开发计划。突出引进重点人才，编制了紧缺急需人才引进指导目录，进一步完善党政、专业技术、项目开发、农技等人才队伍管理、培养和使用机制，制定了《跨世纪科技专家和学术技术带头人培养规划》和《人才工作专项资金使用与管理暂行办法》，建立了 115 家非公经济组织人才队伍数据库。

● 广开渠道吸纳人才。实施"智力返乡"工程，建立新罗区籍市外高层次人才信息库，聘请了 26 名政府发展顾问，为全区经济社会发展建言献策；鼓励企业根据科研和生产的需要，引才引智，先后帮助企业引进了 20 多位高级专业人才，两次为森宝实业公司引进荷兰和法国籍的高级畜牧专家。

- 千方百计留住人才。建立健全以培养、评价、使用、激励为主要内容的政策措施和制度保障，完善人才工作联席会议和人才工作联络员联系制度、拔尖人才和优秀青年专业人才双向目标管理制度，"结对子"帮扶制度、"跟踪服务"制度，人才的健康成长和作用得到充分发挥。

第八章　惠安县可持续发展实验区

惠安县自 2006 年创建省级可持续发展实验区以来，全县大力实施科教兴县和可持续发展战略，坚持科学发展观，紧紧抓住发展第一要务，积极对接、主动融入建设海峡西岸经济区泉州现代化工贸港口城市中，把科技进步作为推进经济社会发展和社会可持续发展的强大动力，大力发展具有地方特色的产业经济，着力解决人口资源、环境问题，促进了科技、经济、社会的协调发展，生态环境不断改善，经济综合竞争力不断提升。

一、建设背景与概况

惠安县地处福建东南沿海中部，位于泉港区与泉州市区之间，东临台湾海峡，是大泉州城市规划的重要辅翼，是福建省著名侨乡和台湾汉族同胞主要祖籍地之一。全县土地面积 720km²，海域面积 1 200km²，辖 16 个乡镇、295 个村（社区），人口 93 万人。

改革开放以来，全县国民经济快速发展，经济综合实力居全省前列。从 1994 年开始，惠安连续 12 年被评为全省经济实力"十强县"。2005 年居"第五届全国县域经济百强市"第 35 位、"全国百强县"第 95 位。但惠安产业结构不尽合理，"三农"问题、生态环境问题都比较突出，科技含量较低，高素质人才短缺。针对上述问题，惠安试图通过实验区的建设，努力探索和示范一条后续经济发达地区可持续发展的道路，又好又快发展区域经济，提高区域竞争力，实现区域经济、社会、人口、资源、环境协调发展的目标。

二、实验区建设规划要点

惠安县可持续发展实验区重点建设 4 大可持续发展领域、5 大类可持续发展优先项目。

（一）重点发展领域

1. 经济可持续发展领域

● 农业和农村可持续发展

加强农业区划，发展特色农业。重点发展黄塘溪流域粮林果木区、林辋溪流域粮果菜区、文笔山等生态观光休闲农业区、大港湾畜牧水产区。

做大做强支柱水产业。优化水产品种结构，着力建设一批高产、优质、高效的海洋牧场。

大力发展特色种植业。在稳定粮食生产的同时，大力发展特色、高价值的经济作物，培育特色农业产业。

加强林业生态建设。实施生态公益林、沿海防护林、生物多样性、绿色通道和城乡绿化、森林灾害防治等五大生态工程。

加快发展畜牧业。大力推广"猪果蔬沼"庭院立体种养模式，利用沿海水面滩涂发展水禽，利用山地果木山林地发展养鸡。

加快社会主义新农村建设，繁荣农村经济。落实各项农村政策，稳定土地承包关系，建立规模化的土地流转机制，发展现代农业，提高农业综合生产力。

● 工业可持续发展

调整优化工业布局，推进产业集群化。做大做强城南、惠南、惠东工业园区，台商创业基地、崇武石材基地和泉惠石化基地。

发展壮大主导产业，促进传统产业升级。通过项目带动、技改创新，引进、嫁接高新技术，提高石雕石材、食品材料、服装包袋鞋业、五金机械四个产业整体技术和装备水平。

采取积极措施，扶持小企业发展壮大。通过股份制、股份合作制改造，引导小企业走联合发展的道路；引导小企业向工业园区集中；加强创业服务中心、生产力促进中心等中介服务组织建设，为小企业提供技术服务；加强职业教育和劳动力市场建设。

推动清洁生产，减少工业污染。

● 第三产业可持续发展

开发旅游资源，发展旅游经济。构建由崇武"一城三湾"旅游度假区、洛阳桥历史文化休闲区、螺城商贸综合浏览区、斗尾工业经济旅游区和蓝色滨海旅游观光带、绿色生态旅游观光带组成的"四区二带"旅游格局。

建设"数字惠安"，发展信息产业。加强信息网络基础设施建设；抓好行政管理信息化；全面推动企业上网。

建立大市场，完善农村市场体系。积极发展以农村集镇为基础，以县城、中心镇及大中型专业批发市场为主体的农村市场体系。

2. 社会可持续发展领域

● 搞好计划生育，提高人口素质。进一步增强计生国策观念；推进计生综合改革；切实落实计生优惠政策；抓好流动人口计生管理与服务。

● 加快科技发展，提高技术创新水平。建立与完善技术创新体系；提高企业技术创新能力；强化以企业为主体的产学研结合；加强科技宣传和科普工作。

● 发展教育，提高全民素质。大力推进"双高普九"进程；加快发展幼儿教育和高中教育；发展职业技术教育和成人教育。

- 发展文体卫生事业，提高人民健康水平。加强文化场所基础设施建设，争创全国文化先进县；积极开展全民健康活动；大力发展医疗卫生事业。
- 健全完善社会保障体系，建设和谐社会。不断完善社会保障体系；建立乡镇劳动保障机制，拓宽劳动就业渠道；积极开展扶贫、救济；加强社会治安，建设"平安惠安"。

3. 城镇可持续发展领域

- 构建现代化的县城中心城区。调整城区布局，形成一绿洲、三中心、四片区的城区结构；建设现代化的城市基础设施；加强城市景观建设，提高城市品位。
- 建设布局合理的城镇体系，推进新农村建设。确定惠安"三轴四群组"的城镇空间布局，即以324国道、涂斗公路和惠崇公路两侧城镇密集带为辐射状轴线，建设布局合理的城镇体系，推进新农村建设。
- 建立统一协调的城镇建设管理体制。

4. 资源和环境生态可持续发展领域

- 合理开发与保护自然资源。加强土地资源的规划与管理；加强石矿、高岭土、建筑用沙等资源的开发规划与管理；加强海洋资源的保护与合理利用；加强水资源调度与保护；加强滨海旅游资源的开发与保护。
- 环境综合治理与生态保护。加强"三废"综合治理，防治环境污染；实施森林生态网络系统工程，强化生态保护；加强生态功能区建设与保护；着力防治水土流失，控制土壤荒漠化。
- 建设减灾防灾体系。重点建设渔港、避风港及沿海海洋灾害防治体系、"一江三溪"及重点旱区洪涝干旱灾害防治体系、防震抗震减灾体系等减灾防灾体系。

（二）优先建设项目

1. 农业与农村可持续发展项目

● 主要建设内容有：社会主义新农村系统工程建设、泉州外走马埭围垦工程、惠女水库总干渠节水改造工程、崇武中心渔港工程、惠安县中心储备粮库、"五一"、"七一"垦区农业综合开发工程、"无规定动物疫病区"工程、特色农业产业化工程等。

2. 工业可持续发展项目

● 主要建设内容有：名都鞋业产业基地、福建达利食品二期扩建工程、华聚氨脂新型材料开发、太阳能电池生产基地建设工程、台商创业基地建设工程、泉惠石化园区建设工程、泉州船厂修船项目等。

3. 社会事业可持续发展项目

● 主要建设内容有：惠安县医院病房大楼、孔庙修缮项目、惠安县体育中心、高新技术孵化基地建设、农业科技服务中心建设、石雕石材行业技术开发及公共服务平台建设、惠安大专学城建设工程、电信枢纽大楼、广电大楼、惠安县残疾人康复中心大楼、惠安建设大厦等。

4. 城镇建设与旅游可持续发展项目

● 主要建设内容有：青兰山30万吨级原油码头工程、泉州秀涂万吨级多用途码头建设、世纪大道南拓宽道路工程、中心城镇改造工程、崇武海景花园二期工程、崇武半月湾度假村等。

5. 资源与环境可持续发展项目

● 主要建设内容有：惠安污水处理厂、垃圾无害化综合处理厂、黄塘溪整治工程、水土流失综合治理工程、沿海防护林体系建设工程、惠安县洛阳江红树林自然保护区项目等。

三、主要做法与成效

（一）目标明确，政策配套

1. 明确目标

县委、县政府高度重视科教兴县和可持续发展战略的实施，把依靠科技进步、推进经济社会与环境可持续发展工作摆在重要日程上，建立一套比较完善的目标责任制和具有自身特色的管理督促机制。实验区建设规划的 38 个优先项目，都通过政府或人大立法程序，列入国民经济和社会发展总体规划和各部门专项计划之中。明确各职能部门的职责，建立目标责任制，理顺各职能部门在实验区建设中的合作关系。建立科普联席会议制度、提高自主创新能力打造品牌经济强县工作联席会议制度、重大规划论证制度，广泛推行民主决策。县政府定期或不定期召开专题会议，及时研究解决实验区建设中的问题，协调各方面的关系，确保实验区工作有序进行。

2. 政策配套

县委、县政府先后制定和实施了《关于加快实施科教兴县战略的决定》、《关于加快惠安县人才引进工作的若干暂行规定》、《惠安县技术创新工程实施方案》、《惠安县征收排污费实施方案》等推动经济社会与环境生态协调发展的地方性政策、规划，为实验区建设提供有效的法制保障和政策支撑。

（二）加大投入，立足创新

1. 加大资金投入，建立良性运行的多元化科技投入机制

2006 年、2007 年县财政投入科技三项经费分别达 2 230 万元、2 968.69 万元，分别占全年财政支出决算的 2.07% 和

惠安溪滨公园

1.91%。2年累计实施科技项目96项。建立县科技发展基金和技术创新基金，制定《惠安县科技发展基金管理办法》和《惠安县科技专项资金管理暂行规定》，修改和完善《惠安县科学技术奖励办法》，加强科技发展基金、技术创新基金和科技三项经费的管理。2006、2007年，县财政投入企业挖潜改造扶持资金200万元，实际利用外资4.1亿多美元，利用科技贷款6.58亿元，企业自筹7.64亿元，逐步建立起以财政投入为引导、金融投入为支撑、社会和外资投入为补充、企业投入为主体的良性运行的多元化科技投入机制。

2. 立足技术创新，建立比较完善的科技服务体系

在全省率先建立了含5个科技示范镇、20个科技示范基地、60个示范村、316个示范户的县、乡、村三级科技经济信息网络；成立了县生产力促进中心、人才交流中心、科技情报研究所、技术市场、农业科研所、现代农业推广服务中心以及19个县级技术推广站的县、乡、村三级科技推广服务体系；建立国家级高新技术企业1家、省级高新技术企业8家、省级信息化示范企业2家、市级技术创新示范企业10家、县级技术创新示范企业28家，培育国家级、省级、市级行业技术开发中心7家（含啤酒、磨料磨具、石材雕艺、出口蔬菜、纳米无机材料等行业技术开发中心），市级工程技术研究中心1家，组建企业技术研发中心168个，组织实施一批技术创新项目，开展共性技术和关键技术的研究开发，提升了企业竞争力和自主创新能力。"十一五"以来，获省、市科技进步奖6项、授权专利175件（其中发明专利8件）。

3. 开展创名牌工作，带动产业优化升级

制定了《惠安县企业争创名牌工作的实施意见》，引导扶持企业完善和加强产品质量、工程质量、服务质量和管理质量等四大质量体系建设。采取各种措施，推进企业创名牌商标、名牌产品和商标认证工作。鼓励企业以质量为生命，以技术为动力，以规模为后盾，以营销为保障，争创名牌，支持符合条件的龙头企业上市。目前，全县共有中国名牌产品3个、中国驰名商标6个、国家免检产品4个、福建省著名商标27个、福建省名牌产品29个、市知名商标50个，通过ISO系列认证131家。2006年，石雕石材、食品饮料、鞋服包袋、五金机械等四大支柱产业完成产值276.16亿元，同比增长24.2%；2007年，全县工业总产值达412.8亿元，有力地促进了产业和经济结构的优化升级。

4. 强化载体，拓展高新产业发展平台

对全县工业园区进行优化整合，形成了城南、惠南、惠东、泉惠石化工业园区和台商创业基地、绿谷台商高科技产业基地及城北工业基地、崇武山霞石材工业基地等。在各工业园区成立了企业服务中心等机构，实行土地、工商、税务、邮电、环保、消防、金融等部门定期集中办公制度，推行"一个窗口对外、一条龙服务"和全程代理、办事承诺制，切实提高服务效率，增强工业园区的吸引力和凝聚力。2006年，全县工业园区新引进项目52个，投资总额17.66亿元，新投产项目100个，在建项目130个。建区以来，工业区累计已开发面积30 674亩，引进项目478个，已投产项目306个，扩建项目127个，投入基础设施资金7.66亿元，总投资359.7亿元，税收8.151亿元。

5. 整合优化，壮大主导产业规模

按照"调整结构、壮大总量、提高质量、优化环境、增强后劲"的发展要求，强化市场准入、优惠扶持、配套服务等方

精美的惠安石雕

面措施，不断调整优化产业结构，完善主导产业配套体系，主导产业规模不断扩大。目前，全县拥有产值20亿元以上的石雕石材、食品、饮料、制鞋、服装、包袋、五金机械等6个产业，形成了代表食品饮料业的"惠泉"、"达利"，代表石雕石材业的"豪翔"、"奇达利"、"大明"，代表鞋服包袋业的"正大"、"双喜"、"芳源"、"汉特"，代表五金机械的"建德"、"坚石"、"力达"等一批有较强竞争力的龙头企业。

6. 增强后劲，加快培育新兴产业

● 发展船舶修造业。以建设海西为契机，积极发挥港口资源优势，以"国内一流、世界先进"为目标，加快泉州船厂等项目建设步伐，加大招商引资和内联外引力度，积极引进国内外船舶大集团落户。大力支持民营修船企业的发展，鼓励发展船舶

配件、零部件、船用材料及相关服务业，推动船舶修造业跨越式发展。泉州船厂修船项目于 2006 年底开始投产，2007 年 10 月先后生产交付 7 000~9 000 吨特种两用油轮、化学品船 4 条，其中 7 000 吨的特种两用油轮是目前国际上最先进的船型。泉州市佰源船舶机械有限公司开发的《PLC 应用于船舶旱板机械控制系统》项目，填补省内空白，成为福建省首次引入外资建设的大型修船项目。

- 发展石化产业。立足斗尾沿岸深水航线资源优势和区位优势，主动接受福建炼化一体化辐射，规划发展石化产业和产品物流业。以泉惠石化工业园区为载体，发展石化原料、轻纺原料、新型专用化学品和合成材料工业。泉惠石化工业园区的总体规划和"起步区"的实施方案已经修编完成。由中国中化集团投资建设的《中化 500 万吨/年重油深加工》项目，已投入 1.5 亿进行基础设施、三通一平建设。以斗尾 30 万吨中转码头及仓储配套设施为载体，发展石油产品物流业。青兰山 30 万吨原油码头项目已进入实施阶段。

- 发展光伏电子产业。依托绿谷台商高科技产业基地，主动承接台湾产业转移，引进光电信息、机电一体化、新材料以及 LED 系列产品等高新技术项目，力争打造成为生态优良、环境优美、布局合理、功能科学、无污染的现代化台商高科技产业基地。绿谷台商高科技产业基地一期工程全面开工。首期入驻的泉州长照光伏电子研发有限公司等 5 家台商企业已全面动工建设，总投资 6 290 万美元，这些企业的入驻投建，对于推动产业升级、技术创新、经济快速发展的支撑带动作用具有重要意义。

7. 构建"产学研"平台，促进科技成果转化

- 积极组织有关企业参加福建省每年举办的"6.18"科技成果交易会。2005 年以来，共组织 33 家企业参会。

- 以高校技术人才为依托，与厦门大学正式签订了《关于建立科技经济协作关系》协议书，以走出去、请进来方式举行科技成果推介会，开展以"企业家新春恳谈会"、"校企结盟"等为主要形式的院企合作活动，充分发挥政府科技搭台的作用。

（三）发展教育，培养人才

1. 加强基础教育

组织实施"教育精品工程"、"素质教育工程"、"教育信息技术现代化工程"、"薄弱学校改造工程"、"新世纪园丁工程"，"双高普九"工作顺利推进。2007年，全县九年义务普及率98.77%，高考上线人数增幅超省、市平均水平，全县90%小学和80%中学成为素质教育合格校，惠安一中、高级中学和荷山中学晋升为一级达标校。

2. 大力发展职业技术和成人教育

以惠安职业培训中心和技术学校为依托，整合各种职业教育资源，开设修船专业、造船专业、石化专业、电焊专业、电子专业。各职业学校积极与大专院校联合，联办艺术设计、船舶修造、石油化工、房屋建筑、工程造价管理等专业。投入60多万元积极促进和扶持泉州华光摄影学院发展。鼓励和引导企业与职业学校联合办学，培养有创新和实践能力的高素质劳动队伍。

3. 加大引进培养高素质人才的工作力度

成立了县委知识分子工作领导小组，制定了《关于加快惠安县人才引进工作的若干暂行规定》、《惠安县加强自然科学和工程技术专业人才队伍建设暂行规定》等制度，《惠安县杰出人才奖励基金办法》和《惠安县关于引进高层次人才的暂行规定》等相关配套政策正在拟定。创建惠安人事人才网，建立健全人才信息库，实现人才市场网络化管理。由县财政每年安排专项经费用于奖励技术发明推广和应用等方面有突出贡献的人才。尤其是对惠安县石雕石材、食品饮料、包袋鞋服、五金机电等四大主导产业和船舶修造、石油化工、旅游服务三大新产业所紧缺急需的城市规划、道路建设等专业人才作出明确规定。2006 年，全县拥有各类专业技术人员 2.6 万人，万人拥有专业技术人员 281人，新增高级技术人才 201 人。现有"百千万人才工程"第三层次成员 1 人，享受政府特殊津贴 3 人。

（四）优化产业布局，发展现代农业

1. 加大农业技术研发推广力度

充分发挥惠安作为福建省农科教结合示范县的优势，鼓励企业、农户与科研单位、大专院校协作，加强农科教、产学研结合，开展"校企合作"，建立科技推广中心、现代设施栽培示范中心、工厂化蔬菜育苗中心、新品种试验示范中心、名优果种繁育中心、无公害蔬菜生产示范中心等 6 个有较高科技含量的示范、服务中心。加大国家级农业现代化示范园区走马埭现代农业科技示范园和省级科技兴海综合试验区大港湾试验区建设力度，引进先进设备，加大作物品种改良、农业生物技术、水产养殖技术、农业工程技术等农业实用技术的推广力度。

2. 产业化经营体系逐步完善

以发展水产、畜牧、蔬菜三大产业为主导，积极培育和引进农业龙头企业，带动农业产业化的发展。目前全县有各种农副食品加工企业 30 多家，培育了"中绿"、"森美"、"老爸"等一批省、市级农业龙头企业。形成了以中绿公司为代表的企业主导型、以森美饮料厂为代表的契约带动型和"中绿蔬菜"、"森美果汁"、"老爸余甘"、"大明瓜果"、"大新酱菜"、"崇武鱼卷"等一批知名品牌。目前，全县已有 8 家市级以上农业龙头企业（其中国家级 1 家、省级 2 家），有 18 家企业近 30 个品种获得"三品"认证，逐步形成以企业为龙头，特色农业基地为载体的现代化农业生产体系，有效提高了农业产业化经营水平。

3. 区域产业布局日趋合理

初步形成"三湾二溪一城郊"的特色农业产业发展布局。

● 泉州湾观光农业和高优水产生产带，建成 2 000 多亩生态拦网综合养殖基地、1 000 多亩鲍鱼生产基地和全省最大的抗风浪深水网箱养殖基地。培育了鸿达、鸿盛、联誉等一批水产品加工龙头企业。

● 湄洲湾农业综合开发带，以走马埭现代农业示范园区为主，建成 10 000 多亩的高标准现代农业基地。

集约化大棚栽培

● 黄塘溪流域果蔬生产带，以"广崧"、"铭蓉"为龙头，建成台湾水果、优质龙眼等特色林果基地；培育"老爸"、"辉阳"等林果加工龙头企业。

● 林辋溪流域及惠东旱作区优质粮油生产带，建立 3 500 多亩优质水稻、5 000 多亩玉米、2 500 多亩脱毒马铃薯、5 000 多亩优质甘薯。

● 城郊农业产业带，建成 2 000 多亩特色蔬菜基地、3 000 多亩特色林果基地、年出栏 2 万头的生猪养殖基地和一批名贵植物、花卉苗木基地。

（五）立足协调发展，促进社会和谐

1. 文化设施进一步完善

投入 7 144 万元，建成占地 148 亩的体育中心，包括有 3 200 多个座位的体育馆、3 600m² 的室内游泳馆、3 500 多 m² 的

少年体育学校综合大楼、4 000 多个座位看台的大型田径运动场、两个露天标准灯光篮球场和网球场等，承办了多项大型文体活动。建成综合性的县文化中心。县文化馆业务面积达 3 400 m^2，被文化部评定为国家一级馆。县图书馆业务面积 2 000 m^2，被文化部评定为国家二级馆。2006 年，投入 550 万元，改造县博物馆场馆和设施。建设妇女儿童青少年活动中心和老年活动中心。

2. 医疗卫生体系进一步完善

县疾病预防控制中心、县医院病房综合大楼投入使用。医疗卫生改革取得新进展，拥有县级医疗卫生机构 27 个，县医院达到二甲标准，万人拥有医护人员 29.8 人。农村合作医疗制度逐步建立。建立了比较完善的疾病预防控制体系、卫生执法监督体系和医疗救治体系。社会保障体系建设不断完善，逐步形成覆盖城乡困难人群的社会救助体系和城乡一体化的就业服务体系。

3. 环保设施进一步完善

不断加大环保设施的投入。总投资 5 357 万元的县城污水处理厂已于 2007 年 6 月投入运行。惠安垃圾处理厂正在积极筹备中，届时，全县各乡镇的生活垃圾将全部运抵该厂处理。县长环保目标责任书任务全面完成，项目环评和"三同时"制度有效落实。近海水域环境污染综合治理取得阶段性成效，城乡环境质量得到显著改善。

朝气蓬勃的惠安女

4. 林业生态进一步改善

积极开展城镇绿化体系、沿海防护林体系、林业生态体系建设。2005 年、2006 年投入造林绿化资金 3 000 多万元，完成造林绿化面积 0.66 万亩、封山育林续封面积 5 万亩、中幼林抚育面积 0.57 万亩。目前，全县有林地面积 28.97 万亩，森林资源蓄积量 35.69 万 m^3，森林覆盖率 28.4%，沿海基干林带已基本实现填平补齐。县林业局被省林业厅授予"全省沿海防护林体系建设先进单位"。

第九章　石狮市可持续发展实验区

石狮市可持续发展实验区建设始于1998年，并被作为全市面向新世纪第二次创业的重要发展战略。在建设可持续发展实验区中，石狮市注重协调发展，坚持以人为本，倡导科技创新，发挥"小城市大经济"的优势，积极优化调整产业结构，实施技术创新工程，建设高新技术园区，产业集群效应突出，经济综合实力大幅增强，实现了经济社会全面可持续发展，走出了一条独具特色的民营经济之路。

一、建设背景与概况

石狮市地处福建闽南三角洲沿海突出部，位于泉州和厦门之间，全市面积160km²，市域三面临海。1988年9月经国务院批准建立省辖县级市，下辖7个镇2个街道办事处，户籍人口30万人，外来常住人口20多万人。

石狮市历史悠久，古迹、名山胜景众多，人文荟萃，拥有闽南黄金海岸、姑嫂塔、六胜塔、镇海石、鹿港对渡古码头、虎岫寺、朝天寺、城隍庙和宝盖山、灵秀山风景游览区等秀丽景点，旅游资源丰富。同时还是著名侨乡和对台窗口，全市旅外华侨和港澳同胞近30万人，祖籍石狮的台胞30多万人，现有2个对台贸易试验点和1个对台贸易市场。

石狮市拥有丰富的海洋资源，包括港口资源、海洋生物资源和砂矿资源，发展海洋经济的资源潜力巨大，是全国六大内贸集装箱运输中转枢纽港口之一，有石湖、祥芝、永宁3个深水良港、海上运输交通四通八达。作为福建省综合改革试验区、中国休闲服装名城，素有"有街无处不经商，铺天盖地万式装"的美誉。全市拥有服装及配套企业5 000多家，纺织服装业年产值100多亿元。形成了以纺织服装为主导产业，以鞋业鞋材、体育用品、食品加工、电子信息、机械五金、印刷包装为六大支柱产业，以蓝色产业为特色产业的产业体系。

但作为一个脱胎于农村的年轻城市，石狮市同时也面临严峻的挑战：产业结构不尽合理，主导产业单一；社会事业发展滞后；地域狭小、耕地贫乏，水资源等自然资源短缺。鉴于此，石狮市于1997年开始实施可持续发展战略，1998年经省科技厅批准成为福建省可持续发展实验区。

二、实验区建设规划要点

石狮市可持续发展实验区重点建设五大领域十大先行示范工程。

（一）重点发展领域

1. 提高人口素质，增强社区可持续发展能力

● 健全社会管理体系与社区模式。以市政府、镇（街道）政府和村（居）委会三级管理主线，与行业管理、群众性组织管理等各条分支形成一个完整的社会管理网络。

● 规范社区可持续发展行为。建设良好的道德风尚和精神文明；发展文教事业，提高人口素质；建立和完善实用的信息系统；完善社会福利和保障；鼓励妇、幼、老年人及残疾人的社会参与。

● 加强社区管理和社区服务。综合运用行政和自律手段，引导社区通过自我规范、自我约束来维护良好的社会秩序，保证政府和社会规范在社区的实现。

● 推动社会事业从公益型向实业型转轨。为社会事业发展提供宽松环境和良好社会条件，增强群众发展社会事业的意识，努力促进社会事业转型。

2. 促进经济可持续发展

● 调整三大产业结构，促进经济整体结构的优化。推行技工贸一体化，建立保障体系，推进农业现代化进程；坚持科技先导、轻型为主，提高工业企业整体素质和市场竞争力；完善为经济发展和人民生活服务的第三产业体系。

● 建立可持续发展的产业体系。建设"中国服装城"，促进纺织服装、鞋帽包袋业发展；加快发展水产品加工等食品加工业；重点发展电子元器件、消费类电子产品及投资类电子产品，巩固发展其他电子机械类产品；以发展塑料及塑料深加工制品和五金制品为重点，巩固发展集电子、五金、塑料一体化的玩具行业；以黄金海岸为龙头，发展集旅游、购物为一体化的旅游业；加强海洋资源的综合开发利用，建立捕捞养殖、加工、海上运输为主体的蓝色产业体系；构建粮食、果蔬、农产品加工、沿海防护林、园林绿化基地为主体的绿色产品体系；建立与市场经济体制、社会发展和科技进步相适应的信息、咨询、社会化服务网络；深化金融体制改革，完善各种资金市场。

● 推进制度创新，建立企业自我发展的良性机制。建立现代企业制度，形成科学的管理方式。

● 鼓励企业技术创新，依靠科技进步推进企业发展。大力发展高新技术产业，搞好高新技术开发区建设；大力发展民营科技企业和民营科研机构；完善科技推广中介服务网络，促进成果转化；建立健全企业科研开发体系，落实优惠政策，提高企业技术创新能力。

3. 推进城镇可持续发展

● 构建层次分明、协调发展的城镇体系。加快发展城市中心区；加速口岸经济建设，构建泉州次中心港口，发展各具特色的滨海工业。

● 稳步推进旧城改造。改善旧城区基础设施和公共服务设施。改善旧城区居住环境和居住条件，提高旧城土地价值和商业用地比例。引导居民流向新城区。

● 完善城市基础设施建设。完善城市公共交通，建设旧城区的地下管网，实行雨水、污水分离。

● 健全城市社会安全体系。建立现代化的城市消防体系。提高建筑物抗震强度。完善城市排涝排洪系统和沿海防风林带、堤防建设，制订地震防治和抗台风预案，制定防灾规划，完善灾后恢复和重建计划。

● 改善城镇人民居住环境。实施"安居工程"，建设好居住区、廉价小康住宅。完善居住区服务体系，形成方便舒适的居住环境。

● 建设城市数据信息系统。实现科学、规范、高效的管理。

● 丰富城市文化生活内涵。发展教育文化事业，建好一批体现城市文化品位的公共设施，做好文物保护工作，充分挖掘民俗文化。

4. 推进农业与农村可持续发展

● 加强农业生态系统的管理与保护。建立土地资源合理开发、高效利用和保护的管理体系；建立以生态经济系统为管理对象的运行机制；加强水利设施建设，兴建"金鸡"管道引水工程，并对现有11个中小型山塘水库进行扩建、加固；推行先进的节水灌溉技术，加强海堤建设，防止土地盐碱化；推行种田养田耕作制度，加强农田基本建设，完善减灾防御体系，建设稳产高产农田。

- 调整农业结构，优化资源配置。树立大农业发展观念，推进农业综合开发、工农互补、协调发展；实施科教兴农，发展绿色食品和农产品深加工。深化农村经济体制改革。

- 建立农业保障体系。切实加强农业社会化服务；发展农业保险，建立农业互助风险基金会和农产品最低保护价；充分发挥农业科技人员的作用。

- 消除农村贫困。加强扶贫工作；积极壮大集体经济，保证村财政收入有稳定的来源并逐年增加。

5. 促进资源与环境生态可持续发展

- 加强监测与治理环境。调整产业结构，开发清洁生产工艺和技术。关、停、并、转一批效益低、耗水量大、污染重的工业企业。把新建的工业置于生态适宜区内。企业布局集中，以利集中供热、供水和"三废"处理，加强管理和监督。建立健全市、镇、村和重点企业四级环保监督网络，完善环境管理体系。定期执行环境监测。实行法人管辖目标责任制。制定和完善环境保护的地方性法规。严格环境管理程序，坚决执行各项环境管理制度，促使环保管理规范化、科学化。

- 加强资源保护和利用。进一步规划和调整城市用地和农业用地。高效益开发利用矿产资源，充分利用国内外矿产资源，提高矿产资源的优化配置和合理利用水平。积极推行废弃物无害化处理，提高资源利用率。

- 保护海洋生态系统。加强海岸段排污控制与管理，降低海域氮磷污染负荷。增强环保意识，有计划地发展生产。

- 绿化造林。搞好城乡"山区九带四山林"的绿化。开展创建花园式单位和绿化先进单位活动。建立专业绿化规划和单位绿化规划的审批管理制度，逐步取消实体围墙，使市区绿化与单位庭院、厂区绿化融为一体。发展沿街绿化，使市区主要干道由平面绿化变为立体绿化。加大绿化执法力度。

● 改善城市环境。坚持城镇建设与环境建设相统一，实行预防为主、谁污染谁治理和强化环境管理的政策。减少大气污染、噪音污染，管理和处理好固体废弃物，加强居民教育，杜绝乱扔垃圾现象。

（二）先行示范工程

1. 提高全民综合素质工程

● 加强卫生保健。配套建设市区 6 所医院。改建乡镇卫生院，至 2000 年，83% 卫生院达到一级甲等标准，80% 村卫生所达到甲级标准。发展社区卫生事业，筹建各类专科医院。预防与控制传染病，开展城市居民慢性病、职业病研究与防治。实施健康教育计划。创建全国卫生城市。

● 促进体育运动。实施《石狮市全民健身计划纲要》，大力开展群众性体育活动。巩固和发展学校体育，抓好传统体育网点校和示范校建设。建设体育中心，发展体育产业，巩固和发展彭田体育用品生产基地，建立千方体育用品城。

● 加强计划生育。切实落实各项计划生育政策，努力提高计划生育工作的整体水平。筹建人口与计划生育培训中心，办好各级人口学校。建立统计、公安、计划生育三位一体的人口信息计算机网络系统。

加强精神文明建设。全面实施"芳草计划"和"百花计划"。创建省级文明城、十好文明镇、十好文明村、十星文明家庭、"创文明行业、建满意窗口"单位。改革殡葬旧俗，完善乡镇"安息堂"设施。

● 重视基础教育。强化幼儿教育，实行村村办幼儿园。新办特殊教育学校，残疾儿童入学率达 85%。调整小学布局，办好适度规模小学。新建 2 所、续建 3 所中学，满足初中办学需求。新办 2 所职业中学，将鹏山师范升格为师专。建设 1～2 个教师安居工程，加强教育设施现代化建设步伐，成立市教育基金会。

- 加强成人教育。健全培训机构，加强对新增劳动力、转岗劳动力和农村转移劳动力的知识教育和技术培训。办好农函大、农民文化技术学校，建设成人中专学校。

- 加强人才队伍建设。实施智力开发工程；积极开展教育和人才的国内外交流与合作，吸收利用国外人才资源；组建统一规范、全国联网的人才市场，促进人才合理流动；实施引进人才安居工程计划。

2. 经济制度创新示范工程

- 培育企业集团。实施大公司大集团战略，重点培育服装集团、水产加工集团、鞋业集团、塑料玩具集团、体育用品集团等。

- 加快企业股份制改造。制定政府引导扶植政策，鼓励条件成熟的企业进行股份制改造，带动一批民营企业的发展；争取供水股份有限公司、千方健身用品公司上市。

- 发挥商会、行业公会作用。规范按行业组建的同业公会和按地域组建的商会。赋予公会一定的管理职能，增强公会在行业管理上的作用，提高服务水平。

- 培育完善市场体系。争取吸引国内外金融机构到石狮设点；设立开放式发展基金，支持企业融通资金；积极争取成立农村合作银行；规范农村合作基金会；建立产权交易市场，促进企业资产重组；规范房地产市场；改革住房制度，发展廉价住房；完善劳动力市场和就业服务机构，鼓励社会兴办职业技术培训；开拓技术市场，鼓励发展各类技术中介机构，促进科技经济一体化。

3. 技术创新示范工程

- 鼓励企业成为技术创新主体。鼓励企业引进先进生产技术和设备，推广应用计算机技术；引导企业建立技术开发基金；扶持发展"产、学、研"基地。

- 建设技术创新工程承载点。建成省级高新技术产业开发区、省级祥芝星火技术密集区、国家级石狮服装高科技促进发展中心、省级石狮生产力促进中心。到 2000 年，新建 2 个省级科技示范乡镇，5～10 家技术创新示范企业，在 1～2 个支柱产业中建立技术创新模式。

- 以市生产力促进中心为龙头，建立面向企业的社会化科技服务体系。推广服装 CAD/CAM 技术；开展计算机知识培训；推动计算机综合信息服务网络建设；建设石狮数据库和服装信息数据库。

4. 社会保障工程

- 完善社会养老保险。巩固机关事业单位、国有企业干部职工养老保险基金社会统筹，提高社会养老保险覆盖率；推动农村养老保险工作；开展以"三资"企业职工和私营企业职工为重点的职工社会养老保险；逐步建立统一的社会养老保险机构，扩大养老保险基金筹集渠道，完善社会保险基金管理营运机制。

- 推广医疗保险。开展城镇职工医疗保险制度改革，实行社会统筹与个人账户相结合。逐步推广农村合作医疗。全面推行妇幼保偿、儿童计划免役保偿责任制。建立"120 急救医疗基金"。

- 改革住房制度。建立住房公积金制度，发展住房金融和住房保险，建立政策性与商业性并存的住房信贷体系。发展社会化的房屋维修、管理市场，建好安居工程。

- 完善转业培训网络。提高失业再就业能力，建立优抚法规和制度，提高优恤、救济能力。

5. 对台综合实验特区示范工程

- 强化台商投资区建设。进一步强化永宁梅林港区、黄金海岸和信义开发区等作为对台投资加工贸易、保税仓储、集散批发、展览展示、劳务合作、科技文化交流等功能。

- 争取优惠政策。主要有：梅林港区享有直航台湾的权利；台湾船运公司与石狮船运成立合资公司；台湾船务公司在石狮设立办事处；台商以 BOT 形式构建专用码头。作为边防等上级有关部门进行改革试点口岸。对台贸易市场扩大台货经营范围。升格石狮的海峡两岸纺织品博览会暨服装鞋业订货会为省部级主办。台湾旅行社在石狮设立办事处。实行台商到石狮的落地签证，对台湾同胞实行居民待遇。

6. 社区建设示范工程

- 建设文明安全片区。创建一批社会治安稳定、配套设施齐全、环境舒适优雅、管理规范有序、服务功能完善、人际关系和谐、文化生活健康的文明安全片区。组织实施示范工程、基础工程、细胞工程、窗口工程。

- 健全村级组织。制定和实施农村经济发展、村级组织建设、精神文明建设、为民办实事等"四项规划"。壮大村集体经济实力，重点抓好"五个一"，即一个村工业小区、一个村集贸市场、一个村变电所、一笔村财政发展基金、一笔企业管理费收入。

7. 农村现代化建设示范工程

- 建设农村宽裕型小康。到 2000 年，农民人均纯收入达到 7 500 元，年收入 2 000 元/人的贫困户比重在 5‰以下；农村人口自然增长率控制在 10‰以下，计划生育率达 95% 以上；全民平均受教育年限 8 年以上，普及高中阶段教育；科技进步对农村经济增长的贡献率达 50% 以上；全面实施养老保险和建立健全农村合作医疗保障；从事非农生产的劳动力占农村劳动力总数 60% 以上；80% 以上农村达到宽裕型小康标准。

- 建设农业 "6610" 示范工程。抓好"种子工程、粮食工程、果蔬工程、蓝色工程、畜牧工作、水利工程"等六大工程，建设"种子、粮食、果蔬、渔业、农产品加工"六大基地，每个基地各培养 10 个示范点。

8. 海洋资源开发和港区建设示范工程

● 构建蓝色产业体系。加快港口建设，完善港区配套设施。逐步发展海运船队，注重多用途远洋船队与专用船、中小型船的协调发展；大力发展海洋捕捞和近海滩涂养殖。进一步搞活梅林对台贸易试验区，繁荣对台贸易市场；发展转口贸易、过境贸易，扩大贸易范围；进一步开发祥芝滨海游乐区、蚶江仿古考察野营旅游区，形成布局合理、独具特色的滨海旅游体系；开发海陆一体化，在沿海乡镇规划工业区，发展外向型经济。

● 科技兴海与科技兴港。研究、推广先进适用养殖技术、水产保鲜运输和精深加工技术、陆源及海上污染控制技术以及海洋捕捞新渔具新技术等；开展海洋化工技术研究与开发；积极支持科研机构、技术推广机构、民办科技实体；建立海洋科技推广新机制，加强实用技术培训班；加强港口和海运技术研究与开发。

9. 水资源综合开发利用与保护示范工程

● 加强引水工程建设。新建从晋江市到石狮市的引水工程，平衡全市水量供需。

● 建设供水工程。抓紧水厂和管道技改，确保全市供水。

● 完善排水工程。加强南渠水源保护。完善城市排水系统和雨水管道。整治拓宽排洪沟。

● 加强污水处理工程建设。完成大堡、伍堡污染工业集控区污水处理建设和配套，完善管理制度。

10. 城市现代化建设示范工程

● 完善城市功能区布局。组成一个中心、五个片区的城市布局。

● 完善城市基础设施建设。完成城市交通网络、进排水管道、电缆、通信光缆等基础建设。健全城市信息系统。加强专业市场建设。

● 加强城市文化设施建设。完成体育中心、文化公园、图书馆、科技馆、青少年宫、妇女儿童活动中心、博物馆等现代化文化设施建设。

● 加强城市绿化。绿化城市外围环境，以城乡山体和水、路两侧绿化为纽带，形成以线串点成面、点线互相结合的绿化系统。建设城郊公园、居住区公园。绿化城市主干道和主要水系。配置小区公共绿地。

三、主要做法和成效

10 年来，石狮市结合自身实际，坚持不懈地实施可持续发展战略，取得了较好的成效，经济社会各项事业取得长足进步，经济综合实力位居全国百强县（市）第 22 位，保持全省十强县（市）第 2 位，成为福建省唯一入选《福布斯》"中国大陆最佳商业城市"的县级市。全市国内生产总值由 1998 年的 80 亿元增加到 2007 年的 240.2 亿元，增长 200.25%；财政总收入由 4.5 亿元增加到 22 亿元，增长 388.89%，其中地方级财政收入由 2.9 亿元增加到 9.96 亿元，增长 243.45%。

（一）加强组织领导，扎实推进实验区建设

石狮市委、市政府党政主要领导高度重视实验区创建工作，成立可持续发展实验区建设领导小组，制定科学可行的实验区发展规划和明确的工作思路，扎实推进可持续发展实验区建设。

● 提高认识，切实增强可持续发展理念。市委、市政府每年召开研究可持续发展建设的专题会议，及时调整和充实可持

续发展实验区建设领导小组成员，提出"工业立市、商贸兴市、科技强市、旅游旺市"和"爱海、用海、养海"的可持续发展战略，把可持续发展建设列入全市各项重大经济社会工作中。

● 健全机制，全面统筹可持续发展建设。建立了工作目标责任制，制定了《石狮市可持续发展实验区责任分解方案》，把可持续建设工作细化、量化分解到各职能部门，明确了各职能部门在可持续发展实验区建设工作中的责任、目标和任务。

● 强化领导，提高工作实效。石狮市五套班子主要领导坚持一把手负总责，对全市的可持续发展建设重大活动亲自抓组织部署，亲自抓检查落实，促进建设工作走上制度化、规范化的轨道。石狮市委、市政府每年都要在广泛征求群众意见的基础上，确定一批为民办实事项目，协调解决了多年困扰侨乡群众的资源环境问题。同时，把体制创新、科技创新做为重点，积极探索改革发展的新路子，鼓励自主创新，推进行政、企业、社会保障等改革，经济发展的体制环境不断改善。

（二）产业集群效应突出，经济综合实力大幅增强

● 产业集群突显民营经济亮点。实验区建设以来，石狮市致力于产业层次的提升，大力发展"一城五支柱"等主导产业。以"中国休闲服装名城"为契机，推动名企、名牌、名家、名店、名师、名模"六名"工程的实施，提高服装的生产能力、创新能力和竞争能力，强化"休闲服装看石狮"的优势定位。短短几年时间，"一城五支柱"等主导产业发展走上"快车道"，涵盖化纤、纺织、漂染、成衣加工、辅料配套、市场营销的纺织服装产业链已经形成，纺织服装主导产业支撑作用进一步增强。2007年，全市实现规模以上工业总产值427.9亿元，比1998年的118.3亿元增长261.7%。规模以上工业企业完成产值316.6

亿元，其中纺织服装业完成产值 190 亿元，占规模以上工业产值 60%；规模以上工业销售产值 308.9 亿元，产销率 97.57%。

石狮服装城

● 科技创新增强经济发展动力。市委、市政府出台了《关于增强自主创新能力的决定》等一系列鼓励政策，大力扶持创新型企业，每年召开科技大会，表彰一大批科技企业、先进科技工作者，营造了良好的科研氛围和环境条件。科技部门积极搭建高新技术交流平台，于 2003 年举办首届海峡两岸高新技术产品暨成果博览会，共投入 4 000 多万元建设海峡两岸科技孵化基地，启动高新技术创业服务中心，努力培育高新技术产业群。通过政府的大力推动，全市信息化水平大幅提升，企业自主创新能力大幅提高，企业自主开发能力明显增强，已形成华宝生化、永信电脑、福林鞋业等一批拥有核心技术的国家级、省级科技企业，在海洋生化、服装机械、电子信息、新环保技术等高新产业领域有新的突破，成为新的增长点。近年来，全市共组织实施国家级重点火炬计划 4 项，国家级火炬计划 10 项，省级科技计划项目 40 多项，投入技术研发经费 12 180 万元，获国家专利 1 500 多项，涉及电子、机械、服装、鞋革、生物等行业的一批科技成果荣获国家、省、市科技进步奖。共培植国家级高新技术企业 2 家、国家级星火外向型企业 1 家、省级高新技术企业 32 家、省级"双密集"型企业 1 家，国家级龙头企业技术创新中心 2 家、省级行业星火技术创新中心 5 家，省级制造业信息化示范企业 1 家。

石狮科技楼

● 机制创新推动宽裕型小康全面实现。市委、市政府联合发出了《关于实施宽裕型小康计划的通知》、《关于进一步加强和改进村级组织建设的决定》和《石狮市村干部误工补贴实施办法（试行）》等 8 份指导全市宽裕型小康建设工作重要文件，动员和组织全市力量，加大村级组织建设力度，推进载体建设，优化资源配置，推进宽裕型小康进程。建立村级干部激励保障机制，规定村支部书记、主任每人每月发给误工补贴 1 200 元，其他村两委每人每月发给误工补贴 800 元，进一步解决了村级干部的后顾之忧，增强了村级组织的活力。开展领导挂钩、机关部门与村（居）结对帮扶活动，选派 16 名优秀干部到不适应村和经济欠发达村担任第一书记、村委会主任助理，切实帮助薄弱村加快经济发展步伐。实施"6610"工程，进一步完善"公司＋农户"的农业产业化经营模式，推进无公害农产品工程，建设农产品生产基地，发展特色示范项目，扩大生产规模，提高基地项目质量，创建现代农业科技示范园，实施种子产业化建设，全市基本实现农田"零撂荒"。机制创新推动农村经济稳步发展，农业产业化进程加快，农民生活水平大幅提高。2003 年，全市所有镇（村）通过省级宽裕型小康达标验收。2007 年，全市完成农业总产值 23.3 亿元，比 1998 年的 8.24 亿元增长 182.77%；农民人均纯收入 10 005 元，是 1998 年的 1.78 倍；城市居民人均可支配收入 21 285 元，是 1998 年的 2.5 倍。

● 展会效应拉动第三产业蓬勃发展。以突出"两岸三地"和"休闲服装"为主题，每年举办一届海峡两岸纺织服装博览会，积极举办海峡科博会、亚太纺交会等各类大型展会，拉动经贸发展效应突出，市场开拓成效明显。鸳鸯池布料市场跨入全国四大布料市场之列。对外经贸招商引资成绩显著，出口持续快速增长。2007 年，全市实现社会消费品零售总额 118.4 亿元，是 1998 年的 1.7 倍多，第三产业增加值 99.82 亿元，三类产业比重为 4.7∶53.5∶41.8。

（三）科技兴海成效显著，农村劳动力转移明显加快

● 海洋资源可持续开发与利用项目带动海洋经济迅速发展。抓重点、抓特色，严格实施海域使用两项制度，加强伏季休渔管理工作，推动科学用海，促进海洋资源的可持续利用。以省级星火技术密集区建设及星火产业带建设为载体，制定了《石狮2005～2010 年科技兴海发展规划纲要》，实施海洋资源可持续开发与利用重大科技项目，依靠科技进步发展蓝色产业。仅2001～2003 年间，共投入资金 2 000 多万元，组织实施项目 50多项，项目涵盖水产品深加工、精加工、低值海产品的综合利

用、海洋生物、名贵鱼、虾、贝、蟹、藻类等品种的养殖以及海水鱼保活、陆上、海上运输装置等。这些项目的实施，大大加快了海洋资源开发、保护与利用，有力促进了海洋经济的发展。2007 年，全市水产品产量 33.6 万吨，其中海水产品产量 33.5 万吨。

石狮市黄金海岸

• 水产品加工产业链大幅拓宽农村劳动力就业渠道。石狮市委、市政府在制定 1998 年工作计划时，把蓝色产业列为全市优先发展产业，作为第二次创新的经济增长点。祥芝国家一级渔港申报国家中心渔港和梅林、东埔渔港申报国家一级渔港工作。祥芝水产品批发市场占地 110 亩，投资近亿元，已建成并投入使用，成为全国最大的水产品批发市场。全市已形成调味干品、调理食品、冷冻制品、海藻制品、头足类制品、腌熏制品、海洋保健产品、食品添加剂等八大系列 80 多种产品，产品畅销欧美、澳洲、日本、东南亚、港澳台等海内外市场。水产品养殖与加工为农村劳动力拓宽就业渠道，创造近 2 万个劳动力就业机会。2007 年，全市加工水产品数量达 10.8 万吨，加工产值达 11.5 亿元，占泉州市水产品加工业总产值的 70% 左右，居全省第 2

位，水产品加工产品年出口创汇达 4 000 万美元。

● 劳动力转移服务体系建设推动人力资源的可持续发展。出台了《关于促进农村劳动力转移的若干意见》，创新劳动力转移机制，积极开展农村劳动力职业技能培训，加快推进农村富余劳动力的转移和就业，努力推动人力资源的可持续发展。建立规范化劳务市场，大力拓宽市场就业服务网络。加强对农村劳动力转移的培训和服务，设立劳动力市场信息服务网络。推行"外地培训，石狮就业"模式，拓展劳务输送渠道，推行用工本地化工程，加快本地农村劳动力转移就业。实验区建设以来，受理企业登记用工 11 万余家次，提供岗位 79 万余人次，推荐就业 26 万余人次，举办招聘会 300 多期，参加招聘企业 1.2 万余家次，达成求职意向 12.8 万人次。

（四）生态保护措施有力，可持续发展环境大幅优化

● 工业污染集控科学有效。按照工业污染集中控制的发展思想，石狮市在 1998 年提出规划建设大堡、伍堡污染工业集控区污水处理工程及配套设施。目前，已先后建成了大堡、伍堡、锦尚三个工业污染集中控制区，并建成了四家污水集中处理厂和一个热电厂。三个工业污染集控区污水处理能力已达 21.8 万吨/日，包括集控区以外的重点工业污染源，全市工业污水处理能力累计达到 26.76 万吨/日，污水处理能力大幅提高，有效扭转近岸海域生态环境继续恶化的趋势。2003 年，市环保局建立了全省首套环保远程视频监控系统，实现对三个集控区四家污水处理厂污水处理设施的实时监控，为重点污染源信息化管理打下基础。

● 生活垃圾实现资源化处理。率先在全省采用 BOT 招标方式进行招商引资，积极推进重点生态环境工程产业化，建设石狮市生活垃圾无害化处理场，总投资 7 751 万元，2003 年底投入运

石狮市环保远程监控系统

行，并实现产业化运营。处理能力可以实现焚烧处理 200 吨／日、堆肥处理 200 吨／日。生活垃圾无害化处理场的建成和使用，实现了石狮市生活垃圾无害化资源化处理，进一步提升城市生活垃圾无害化处理能力，健全城市环境服务功能。2006 年度生活垃圾无害化处理率达到 100%。

- 封山禁采成效得到巩固。对全市林业发展进行全面部署，制定《关于加快林业发展的决定》和《石狮市 2005～2010 年林业发展规划》，明确林业发展思路，为林业发展提供政策措施保障。建设林业生态环境，正确处理"海区山"关系，结合产业发展和生态保护，加大封山育林力度，全面推进"青山挂白"治理，大力开展植树造林活动；推进林业"造氧工程"；建设"生态石狮"。对南渠及其支渠进行日常保洁和突击清理整治。成立一支日常保洁队伍，采取日常保洁和重点突击等措施，及时清理整治南渠及其支渠的水葫芦等有害生物，保持了干渠水面的清洁。积极稳妥推进集体林权制度改革。认真按照省、泉州市集体林权制度改革精神，依法定程序，加强同各镇村群众的协调沟通，加大林权改革督查力度和透明度，群策群力，全面开展 7 个镇 51 个村共 239 宗 24 534 亩林地的调查、登记，稳步推进集体林权改革工作。2007 年，全市森林覆盖率 13.8%。

（五）城市现代化进程加快，社会事业全面发展

● 城市现代化进程加速。2002 年，作出了《关于加快现代化城市建设步伐的决定》。投资 3 亿元改造商业步行街工程，完成拆迁面积达 14 万 m^2，建设成为总面积达 18 万 m^2 的集休闲、购物为一体的高档次商业步行街。相继建成人民广场、龟湖公园、文化馆、博物馆、青少年活动中心、老干大厦、体育场馆、游泳馆、档案馆等一大批市政项目。投入 3 亿多元用于改善城市道路面貌，沿海大通道石狮段、石狮大道基本全线贯通，人均拥有道路面积 15.6m^2。投资 2 亿多元建设引水工程，日供水能力 31 万吨，彻底解决了供水紧张和饮用水质差的问题，市区供水普及率达 100%，饮用水达标率 97.6%。新增 220 千伏变电站一座，日供电能力达 18 万千伏安。全市建成 10 座垃圾中转站，果皮箱、垃圾桶共 1 600 个，建成公厕 22 座，水冲率达 100%，环卫基础设施进一步完善。全市开通公共班车线路 12 条，每万人拥有公交车辆达 8 标台，公共交通设施配套设备已初具规模。全市建成区面积达 10km^2，建成区绿化覆盖率 32.39%，人均公共绿地面积 9.842m^2，人均道路面积 15.6m^2，道路绿化普及率 90.8%。

● 教育事业优先发展。坚持把教育事业放在优先发展的位置，教育事业由数量扩张转向质量提高，连续 5 年通过省、泉州市"两基"跟踪检查。社会化办学迈出新步伐，创办泉州光电信息职业学院、泉州育青职业技术学院和石狮中英文实验学校。调整学校布局，整合教育资源，将石光中学和华侨中学整合为石

石狮市九二路新貌

光华侨联合中学。有 29 所学校建成各类示范达标校。20 个学校危改项目全部进入施工阶段，其中 6 个项目已完成，顺利通过"双高普九"验收，石狮一中等 4 所学校晋级省级各类达标示范校，长春理工大学泉州学院和石狮泰山远洋学校已经奠基。

● 人口与计划生育等事业全面进步。建立和完善"依法管理、村（居）民自治、优质服务、政策推动、综合治理"的计划生育新机制，计划生育"三为主"工作有效落实，计划生育"三结合"工作载体突出。实施"二女"户安居工程、成才工程、保障工程、致富工程、亲情工程等"五大工程"。2007 年，出生人口政策符合率 94.36%，比 1998 年上升 6.04 个百分点，比责任指标高 0.86 个百分点；二女结扎巩固率 99.28%，比责任指标低 0.72 个百分点。被评为省级计划生育"2 类先进"县（市）。

第十章　泰宁县可持续发展实验区

泰宁县自 2007 年 12 月设立实验区以来，认真贯彻《中国 21 世纪议程》精神，坚持用科学发展观统领经济社会发展全局，大力实施"旅游兴县、生态立县、文化靓县、品牌强县"的发展战略，确定把泰宁县建成"海峡西岸一流实力的旅游县、独具魅力的文化县、最佳人居的生态县、和谐发展的小康县"的发展目标，着力推进经济向节约型、循环型、生态型转变，促进了全县经济、社会与环境的持续、协调、快速、健康发展，呈现出政治进步、经济繁荣、环境优美、社会和谐的良好发展格局。

一、建设背景与概况

泰宁县位于福建省西北部，地处武夷山脉中段的杉岭支脉东南侧，属福建省三明市辖县，总面积约 1 540km^2。下辖 3 镇 7 乡，城区设有 6 个居民委员会，全县共有 111 个行政村，总人口 12.8 万人。

改革开放以来，泰宁县国民经济持续增长，城乡人民生活水平不断提高。到 2005 年，国内生产总值为 22.76 亿元，地方级一般预算收入 4 776 万元，城镇居民家庭人均可支配收入 7 830 元，农民人均纯收入 4 150 元；三种产业比例为 25.8∶45.4∶28.8。县域经济综合实力显著增强，2005 年县域经济发展评价居全省第 25 位。

但由于历史和地理等原因，泰宁县经济社会发展仍存在不少制约因素。旅游业方面，知名度不高，基础设施滞后，产品结构单一，企业实力不强。工业方面，结构性矛盾依然突出，经济增长方式主要还是资源消耗型、数量增长型，企业规模小，产业关联度不高；技术基础薄弱，设备落后。"三农"方面，农业产业化程度低，农副产品深加工能力弱，产品附加值低；农民组织化程度低；农业基础设施建设滞后；城镇化水平低。科技方面，创新能力不强，对经济社会发展的支撑能力较弱。

为此，泰宁县提出创建省级可持续发展实验区，并于2007年12月获得批准。

二、实验区建设规划要点

泰宁县可持续发展实验区重点确立六大可持续发展任务，计划建设五大类重点示范工程项目。

（一）重点发展领域

1. 旅游业可持续发展

着力推进旅游产出水平和提高旅游产业化程度，建成全省重点旅游区、全国知名旅游区和全省乃至华东地区最具吸引力的山地休闲度假旅游胜地，使旅游业成为县域经济的龙头支柱产业。

● 合理布局旅游产业。以打造"中国山地休闲度假胜地"为定位，将泰宁旅游发展布局优化调整为"一个中心"：泰宁城区，打造以泰宁古城为主体的文化休闲中心、游客集散中心；"二个度假区"：金湖滨水度假区和将溪山地休闲度假区；"三个游览区"：大金湖游览区、寨下大峡谷游览区、上清溪游览区；"四个特色旅游后备区"：石辋峡谷休闲旅游区、八仙崖乡野休闲旅游区、金铙山登山探险旅游区、峨嵋峰避暑度假旅游区。

● 依托资源优势，着力提升旅游业的影响与地位。坚持政府主导、规划引导、企业主体、市场运作，大力推进旅游优化升级，坚持高起点、大手笔，着力打造一流的产品、一流的品牌、一流的设施、一流的服务、一流的管理，建设福建乃至华东地区最具吸引力的山地度假旅游胜地，进一步提高旅游业对县域经济的贡献率，着力提升产品品位、客源总量、接待水平与旅游企业竞争力，进而提升泰宁旅游在全省的名次。

2. 资源环境可持续发展

坚持开发与节约并重、节约优先，加强生态建设与环境保护，着力构建永续利用的资源保障体系、自然和谐的人居环境体系和生态效益型经济体系。

● 大力发展循环经济。建立健全循环经济发展促进机制，加大对循环经济投资的支持力度；积极推进资源的综合利用，实现废物资源化；全面推行清洁生产；积极发展环保产业。

● 合理利用自然资源。严格执行基本农田保护制度；盘活城区存量土地；优化农村居民点布局，引导农村居民向集镇和中心村集中；鼓励工业企业向工业园区集中；加强节水技术、设备的开发引进，加快节水设施建设，扩大农业节水灌溉面积；加强节能新技术、新工艺、新设备的推广应用，突出抓好重点耗能企业的节能改造。统筹规划矿产资源开发，推广先进开采工艺，提高矿产资源利用率和回收率。

● 推进生态环境保护。推进生态县建设；强化重要生态功能区保护，建立一批生态功能保护区；加强生态脆弱区的综合整治，抓好金湖水体污染综合防治，保护重要观光景区和重要渔业水域。

3. 农业可持续发展

大力实施农业内部产业结构调整，发展特色农业。突出科技进步，提高农业和农村经济整体效益，实现农民增收。

● 大力发展特色农业新产业，优化农业产业结构。大力发展烟叶、雷公藤、淡水鱼、锥栗、茶叶等特色产业；巩固和发展粮食、食用菌、笋竹等传统产业。

● 大力培植龙头企业，延伸产业链，提高农业产业化水平。着力扶持壮大一批、培育发展一批农业产业化龙头企业；重点发展壮大优质米及其种子、水产品、珍稀食用菌、笋竹、特色水果（锥栗）、有机茶、木材、雷公藤 8 条生产加工产业链。

● 积极发展生态农业。搞好生态公益林等林业生态保护工程建设。实施基本农田建设和地力保育；加快农村沼气工程建设。

● 着力培育旅游农业。规划建设一批兼观赏与生产于一体的农业园区生态观光或观光带；加快笋竹、锥栗、食用菌、淡水鱼等农产品向旅游商品转化，促进农产品生产与旅游产品开发相结合。

4. 工业可持续发展

立足旅游县实际和原有的工业基础，坚持资源的综合利用和可持续发展，坚持保护生态环境，坚持提升内涵和扩张外延并举，大力发展生态型、循环型、集约型工业经济，推行清洁生产，减少污染物、废弃物排放，增强综合竞争能力，实现经济、社会和环境的协调发展。

● 扶持壮大精细化工、林产优势产业。扶持发展一批关联大、带动作用强的大企业，围绕龙头企业发展和重点项目建设，壮大产业规模，延伸产业链，发展产业集群。

● 培育发展生物制药新兴产业。重点发展以雷公藤为原料的植物原料药、生物肥料和植物原料农药。以雷公藤制药为基础，加快茶叶、烟杆、厚朴、九节茶及其他地方特色植物资源的医药利用，促进生物制药产业集群的形成。

● 扶持淡水鱼、笋制品、畜禽、锥栗、果蔬、食用菌、茶叶等深加工，培育一批具有较强实力和知名品牌的食品工业龙头企业。

● 大力推进旅游产品开发。大力发展基于绿色食品、有机食品的食品精深加工业，着力开发地方特色显著的旅游工艺品、纪念品。

● 加快工业发展平台建设。增加投资强度，完善功能配套，多形式推进工业园区开发，提高开发效益。

5. 社会事业可持续发展

大力推进科技、教育、文化、卫生等社会事业的改革和发展，建成比较完善的科技创新体系、现代国民教育体系、文化和医疗卫生体系和全民健身服务体系，实现经济与社会协调发展。

● 推动科技创新。建立以企业为主体、产学研相结合的技术创新体系，促进企业成为技术创新的主体，增强企业自主创新能力；加大区域性技术转移与成果转化公共服务平台建设；建立多渠道的科技投入机制；加强科学知识和实用技术的普及；加强科技宣传和科技培训工作，大力提高公众的科技创新意识和科技素养。

● 优先发展教育事业。积极推动教育改革，优化教育结构，增加教育投入，提高教育质量；全面提升基础教育水平和质量，创建"闽西北教育强县"；全面推进素质教育，促进学生的全面发展和健康成长；加强师资队伍建设；深化人才管理体制改革。

● 积极发展文化事业。加快地域特色文化资源的保护和开发，加强文物保护和合理利用；促进社区文化、企业文化、校园文化、农村文化发展；加快城乡文体设施建设，广泛开展群众性文化活动和全民健身运动；大力发展文化旅游业、演艺业和体育健身业，扶持发展中小型文化企业，促进文体产业发展。

● 加快发展医疗卫生事业。整合县域医疗卫生资源，加大对乡村卫生事业的支持力度，积极发展社区卫生服务。加强公共卫生突发事件应急指挥体系、疾病预防控制体系、医疗救治体系、卫生执法监督体系建设，提高处置公共卫生突发事件应急能力和疾病预防控制水平。广泛开展爱国卫生运动。深化医疗卫生体制改革。

6. 人口可持续发展体系

● 提高人口素质。加强生殖保健，抓好优生优育；全面推进素质教育，培养和造就一批可持续发展意识强、适应知识经济需要的专门人才；加强可持续发展伦理道德的教育与宣传，促进形成良好的社会道德风尚，提高公众的人口意识、资源意识和环境意识。

● 控制人口增长。夯实农村基层计划生育工作，加强城市社区计划生育管理和服务，加强流动人口的计划生育综合管理。

● 开发人力资源。加快建立适应市场经济体制要求的劳动力市场机制和社会保障制度；加快发展农村第二、第三产业，促进农村剩余劳动力有序转移；做好再就业工作；大力引进人才，改善人才结构。

● 做好老龄人口工作。建立以社区为主的社会化养老服务方式和完善的社会救助制度以及医疗保障制度；努力创造社会化、系列化、网络化的社会敬老系统工程。

7. 城乡统筹发展体系

围绕"建新兴旅游城，创文明小康县"目标，把握社会主义新农村建设机遇，加快推动城乡协调发展。

● 迈开城镇发展新步伐。加快宜居县城建设，提升城市品位；加大重点城建项目建设，优化城市功能；强化城市管理，改善城市环境；搞活城市经营。进一步完善城镇建设总体规划，支持各乡镇走特色发展之路；突出抓好朱口县域次中心镇建设。

● 建设社会主义新农村。不断完善新农村建设工作体系，创建既适合县情、又独具特色的新农村建设模式，加快社会主义新农村建设步伐。

（二）重点示范工程

1. 旅游业可持续发展项目

● 重点建设项目有：泰宁世界地质公园后续项目、泰宁红色旅游景区建设、泰宁旅游区环境综合治理、科考旅游线建设等。

2. 农业和农村可持续发展项目

● 重点建设项目有：道地雷公藤规范化人工栽培示范基地建设、泰宁县工厂化周年调控栽培食用菌、金湖淡水鱼产业化、泰宁县有机锥栗产业化、优质稻良种产业化、泰宁笋竹产业化、泰宁县乡土优良树种繁育基地建设、农村饮水安全工程建设、泰宁县生态有机茶标准化栽培、金湖乌凤鸡产业化等。

3. 工业可持续发展项目

● 重点建设项目有：雷公藤深加工、药用活性炭开发、辐射交联低烟无卤阻燃低温收缩聚烯烃热缩材料、高纯度二氯乙腈等。

4. 环境保护与资源利用可持续发展项目

● 重点建设项目有：城市污水处理厂、泰宁工业园区清洁生产服务体系建设、泰宁峨嵋峰省级自然保护区建设、金溪流域防洪二期工程建设等。

5. 社会发展体系可持续发展项目

● 重点建设项目有：泰宁县药业科技服务平台建设、灵秀泰宁演艺馆、金湖茶文化交流中心、建立城乡公共卫生体系、金岁幼儿园建设、城区新建初级中学等。

三、主要建设成效

自 2007 年 12 月被批准为省级实验区以来，县委、县政府高度重视实验区建设工作，采取有效措施，认真实施《泰宁县可持续发展实验区规划》，取得了显著成效。规划的重点示范项目正在有条不紊地按计划实施，目前进展顺利。

（一）可持续发展意识逐步形成

设立实验区以来，全县通过加强宣传培训、实施示范工程、开展以科普为主题的各项活动等多种形式，深入开展科学发展观教育。成功举办"科技·人才活动周"，全县 22 个部门和单位、9 个乡镇、300 多名领导干部和科技人员参与，举办科普讲座 30 场，听讲人数达 3 200 多人（次），举办科普赶墟 9 场；展出科普挂图 220 幅次，张贴宣传标语 60 幅，发放各种科普宣传材料和科技致富技术小册子 8 000 多份，义诊咨询服务群众 2 000 多人（次），在县有线电视台播放科技专题节目 10 期，播放防震减灾光盘、可持续发展科教片 10 场。举办农村实用技术培训班 24 期，培训农民 5 000 多人（次）。地质博物苑、寨下大峡谷等省级科普教育基地科技活动周期间免费向青少年开放。通过科学发展观教育，人们的可持续发展意识逐步强化，坚持以人为本、坚持科学发展观、坚持保护环境、节约资源、发展生态循环经济、养成良好文明向上的生活和消费观念的氛围逐渐形成。

（二）可持续发展能力持续增强

坚持把增强科技创新能力作为调整经济结构、转变增长方式的中心环节来抓，实现科技与经济的紧密结合，提升可持续发展能力。

· 工业发展取得明显成效。规模不断壮大，产业集聚初具规模，精细化工、林产加工两个主导产业的产值占全县规模以上工业总产值的 57%；汉堂生物制药厂将成为全国首家专门从事雷公藤生物制药的企业。

校园法制教育

● 区位条件不断优化。随着福银高速公路的全线通车，泰宁县与福州、上海、南昌等城市的距离明显缩短；向莆快速铁路即将动工，武夷山至广昌高速公路已立项批复，三泉高速、三明机场等即将通车、通航，影响泰宁发展的大交通将明显改善，泰宁可持续发展实验区建设条件进一步成熟。

● 城市形象逐步提升。丰元工业园被列为省级工业园，培育形成了一批知名企业和名牌产品。如金湖炭素有限公司是全省出口创汇最大的活性炭生产企业，金湖炭素活性炭获国家重点新产品称号，产品市场占有率在全国名列前茅。

● 生态工业试点进展顺利。按照循环经济理念和生态工业模式，在陶金峰新材料、科宜光电、恒立门业3家企业开展清洁生产试点，在杉优玩具、金湖碳素、陶金峰新材料3家企业开展循环经济试点，实施了节能改造项目6项，并全部通过市审核验收，企业资源能源利用效率不断增强，消减了大量的污染物，工业节能减排工作得到进一步落实。

泰宁县城风光

（三）生态环境明显优化

泰宁县生态环境居全国前列。全县森林覆盖率达80%，空气负氧离子含量是福州的50倍、北京的100倍，最清洁地区占95%以上，最清洁的面积达到全县土地面积的95%以上，在此基础上全县继续加大生态建设力度，以污染物减排、节能降耗为目标，不断加大对重点流域、区域和重点污染源的治理与监控力度，强化建设项目环境管理，严厉查处对环境的破坏行为，全县污染物排放总量得到控制，工业企业基本实现达标排放，环境质量明显提高：金湖景区大气环境达到国家一级标准，城区及乡镇大气环境质量优于国家二级标准，辖区地表水水质符合国家《地表水环境质量标准》相应功能类别水质要求，金湖及其他河流水质均达Ⅲ类，城镇饮用水源达Ⅱ类。城区环境噪音51.5分贝，城区交通噪音67.9分贝，均控制在县城考核指标内。县城空气质量优良天数占全年比重为100%，比上年提高8.5个百分点。被国家环保总局命名为"国家级生态示范区"，并列入第二批全国生态环境监察试点单位；朱口镇被省环保局命名为"福建省环境优美乡镇"。土地、矿产资源有序开发，国家生态示范区创建通过省级验收。

城区一角

（四）经济社会协调发展

社会保障力度加大，城乡低保实现应保尽保，提高了城市低保对象补助水平；建立新型农村合作医疗制度，全县参合率

泰宁红军街

95%以上，居三明市第一；对全县重点优抚对象、革命"五老"人员、农村特困家庭和持证残疾人实行医疗救助；提高下岗失业人员社会保障补助标准。教科文卫事业加快发展，农村义务教育"两免一补"政策全面落实，高考和高职单招成绩保

梅林戏

持三明市前列；成为全国科技进步先进县。群众文体活动精彩纷呈，梅林戏、傩舞、桥灯、擂茶等民俗文化与旅游结合日益紧密；县医院医技综合大楼投入使用，完成8个卫生院和38个村卫生所标准化建设。精神文明和民主法制建设取得实效，获省级文明先进县

城称号。对全县干部和教师进行了《灵秀泰宁》乡土教材考试，向心力和凝聚力进一步增强。"四五"普法取得实效，各类突发性公共事件应急预案体系不断完善，通过全省首批"平安县"验收。人口与计划生育、基本农田保护、主要污染物排放等工作实现省、市下达的责任目标。

文化下乡

第十一章　福建省可持续发展实验区展望

资源是经济社会发展的基本条件，环境是人类休戚与共的生存基础。

党的十六届三中全会提出，要"坚持以人为本，树立全面、协调、可持续的发展"。十六届五中全会又提出了建立资源节约型和环境友好型社会的战略部署。

党的十七大发出了深入贯彻落实科学发展观的战略总动员，科学发展观的第一要义是发展，核心是以人为本，基本要求是全面、协调、可持续。

福建人多地少，资源相对不足，环境承载能力弱，资源保护与利用矛盾突出。基于此，省委、省政府提出了建设"科学发展先行区"的发展战略。要实现科学发展，就必须坚持全面协调可持续发展，全面推进经济建设、政治建设、文化建设、社会建设；必须坚持建设资源节约型、环境友好型社会，实现速度和结构质量效益相统一、经济发展与人口资源环境相协调；必须坚持统筹兼顾，统筹城乡发展、区域发展、经济社会发展、人与自然和谐发展。

可持续发展实验区已成为落实构建资源节约型和环境友好型社会的有效载体，成为贯彻落实科学发展观的具体举措，成为实现经济社会可持续发展和统筹发展的有效途径。

经过 10 多年的不懈努力，福建省的国家和省两级可持续发展实验区建设取得可喜成效。但是，由于多种因素的制约，福建省可持续发展实验区的建设还存在不少亟待解决的问题。

一是社会事业发展明显滞后于经济发展。环境污染处理成本增大，卫生医疗事业明显落后于经济发展速度，人均医疗条件还较差，社会事业发展滞后在农村地区表现尤为明显。

二是区域性问题积重难返。在经济发达地区，过度产业集聚带来的地价上涨、用电用水紧张等经济成本上升现象，污染集中、生态破坏等环境问题突现。在经济欠发达地区，经济运行的效率不高，产业结构中的第一产业比重较大，第二产业中资源开发型的比重大，整体经济社会效益不高；地区的经济集聚作用不强。

三是认识尚未完全到位。部分地区对可持续发展的理解存在片面或考虑过于周全的问题，忽视了建设的特色和重点，低效的资源开发型产业对环境污染带来新的威胁。一方面少数地区对于可持续发展内涵的理解不够深入，单纯从资本投入方面考虑，降低了资本投入门槛，吸纳了一些高耗能、低产出，或对环保有较大危害的企业，造成了资源新的浪费和环境污染。另一方面一些地区将可持续发展的理解广泛化，没有结合本区域发展的核心问题，提出的策略成效不明显。

四是群众的整体认知度和参与性不足。基层民众的可持续发展自觉意识还未树立。在广大的乡村地区及小城镇，群众对可持续发展的了解仍然不够深入，相关的知识较缺乏，而且群众的素质区域差距较大，整体上呈现西北内陆地区的居民认知情况低于东部沿海地区。居民认知不足，参与程度和积极性受到一定影响。

针对上述存在的问题，我们要进一步加大可持续发展实验区建设的工作力度，突出科学发展、和谐发展和创新发展，在实验区建设中正确处理好经济建设、人口增长、资源利用、环境保护的关系，在节约资源、保护环境的前提下加快经济社会发展，促进人与自然的和谐相处，实现经济社会的长久发展。

一要加强组织与指导。认真执行《福建省可持续发展实验区管理办法》，并根据形势的发展需要，进一步完善相关管理制度，以科学发展观为指导，围绕资源节约型和环境友好型社会建设，加快完善有利于节约能源资源和保护生态环境的法律和政策，加快形成可持续发展体制机制，使实验区建设与管理工作更加科学化、规范化。建立专家指导组，加强对可持续发展实验区建设的技术指导，并深化有海峡西岸经济区特色的可持续发展实验区建设理论研究。

二要强化示范带动功能。继续推进东山县、漳平市两个国家级可持续发展实验区建设，使其成为落实科学发展观的样板，充分发挥引领和示范作用。加强省级可持续发展实验区建设，提高建设水平，从中争取新建若干个国家级实验区。积极探索实现物质文明、政治文明、精神文明、生态文明的有效途径。树立不同类型的可持续发展典型模式，带动海峡西岸经济的科学发展。

三要进一步加强宣传培训。使各级党委、政府和广大人民充分认识到实施可持续发展战略的重要性，把可持续发展工作纳入各部门、各级领导的主要工作议程，通过宣传与培训，使可持续发展的观念更加深入人心，使实验区建设成为广大干部群众自觉自愿的行动。加强政策引导，强化节约意识，逐步形成资源节约型和环境友好型的增长方式和消费模式。树立起一种全新的可持续发展观，并把这种发展理念通过规划目标和任务落实到各项工作中去，实现由传统的经济发展观向现代可持续发展观的转变。

四要进一步完善实验区的评价体制。结合本省特点，改良评价指标体系，使各县市间可持续发展评价的结果更富可比性、客观性。

五要尽快建立统一领导、统一规划的创新协调机制。从全省角度出发，出台全省的可持续发展规划，强调地市间的资源调度分配，突出县市的重点产业，积极引导经济发达的沿海地区产业结构优化，多余的劳动密集型产业逐步向本省西部北部的县市迁移，体现地区间协调发展。

六要加强实验区之间的交流与合作，加强对实验区管理人员的培训，以推动实验区的持续创新与发展，不断提高实验区工作水平和成效，更好地发挥实验示范作用。

我们相信，在国家有关部门的大力支持下，在福建省委、省政府的高度重视下，在全省各地方政府的共同努力下，福建省可持续发展实验区将会在落实科学发展观、推进资源节约型和环境友好型社会建设中发挥更大的作用，我们一定会建成一个生态良性循环、自然资源合理利用、文明和谐、山川秀美的海峡西岸。

福建省可持续发展实验区大有可为。